知識ゼロからノーコードではじめる

Studio

Webサイト制作入門

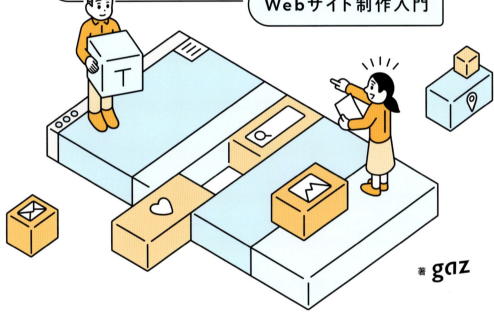
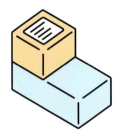

著 gaz

インプレス

はじめに

Studio最大の魅力は「作る」ことに集中できること

———

　私がWebサイト制作に携わり始めてから、気づけば10年が経ちました。これまでさまざまなツールを駆使し、試行錯誤を重ねてきました。最初に学んだのは、レスポンシブWebデザインとWordPressのテーマ作成。習得には膨大な時間を要し、それが当然だと感じていた時期もありました。

　しかし、実際の現場では、制作だけでなくドメイン設定やセキュリティ対策といった周辺業務にも多くの時間を取られ、最も大事にしたかった「クリエイティブな部分」に十分な時間を割くことができませんでした。

　そんな私が「Studio」に出会ったのは、ある個人プロジェクトでサービスを開発・リリースしようとしたときのことです。当時は時間も予算も限られており、3日間でLPを完成させる必要がありました。ぶっつけ本番で挑戦しましたが、すぐに使いこなすことができ、無事に納期内に公開まで進めることができたのです。

　「Studio」はWeb制作者にとって、まさに「作ることに集中させてくれる」ツールです。面倒な作業に追われることなく、本来最も時間をかけるべき「コンセプト策定」や「表現」に集中できる。それにより、制作時間が短縮され、納期も早まります。空いた時間で、さらに

サイトのクオリティを磨くこともできますし、短期的なビジネスメリットを優先して早期公開することも可能になります。

　この「時間の解放」こそが、Studio最大の魅力だと私は感じます。

　その思いから、Webサイト制作が未経験の方やWeb制作会社の皆さんに、Studioに触れるきっかけを提供したいと思い、本書を執筆しました。本書では、Studioの基本操作をわかりやすく解説し、Web制作の入口に立つための最良の選択肢となるように構成しています。
　もし、あなたがこれからWeb制作をはじめるのなら、「Studio」を強くおすすめします。

　自分の手で作り上げたWebサイトが、誰かのもとに届き、役に立つ。その体験は、きっとあなたにとってかけがえのないものになるはずです。あなたらしさを表現し、想いを伝える旅を始めてみませんか？

　さあ、「Studio」でWebサイト制作をはじめましょう！

株式会社gaz 代表取締役 吉岡ヤス

CONTENTS

002 .... **はじめに**

010 .... **本書の使い方**

011 .... **INTRODUCTION**
はじめに知っておきたい！
ノーコードWeb制作ツール「Studio」について

CHAPTER01
017 .... **Studioを使う前に知っておきたい
最低限の基本と下準備**

まずは何のサイトを作りたいか決める
018 .... **PART01** **Webサイトの種類**

基本的な構造を知ろう！
020 .... **PART02** **Webサイトの構造**

Webサイトの基本の型をまずは知る
022 .... **PART03** **レイアウト**

対応必須！パソコンでもスマホでも見やすいサイトに
026 .... **PART04** **レスポンシブWebデザイン**

情報を視覚的にわかりやすく伝える
028 .... **PART05** **写真・イラスト・アイコン**

見やすさとWebサイトの個性を表現する
030 .... **PART06** **フォント**

Webサイトの第一印象を決める
034 .... **PART07** **配色**

作りたいWebサイトの具体的なイメージを固めてみよう
038 .... **PART08** **イメージ固め**

掲載したい情報を整理し、Webサイトの設計図を作る
040 .... **PART09** **ワイヤーフレーム**

042 .... **COLUMN** Webデザインの企画書 ムードボード・ワイヤーフレーム

CHAPTER02

043 .... トップページを作りながら
基本操作を覚えよう

制作しながら操作方法を学ぼう!
044 .... **PART01** Webサイトを作ってみよう

すべてはボックスの組み合わせ
046 .... **PART02** ボックスレイアウトの基本

ボックスの重なり順と関係性がわかる!
048 .... **PART03** レイヤーの基本

検索・アクセスしやすい仕組みづくり
050 .... **PART04** HTMLタグの基本

Studioの操作画面をまずは確認
052 .... **PART05** 新規プロジェクトの作成

最初に準備しておくとGOOD!
058 .... **PART06** カラーとフォントの設定

まずはサイトの上部から作っていく
062 .... **PART07** ヘッダーの作成

カーソルを合わせるとスタイルが変わる
068 .... **PART08** ホバーアニメーションを設定する

サイトを訪れたユーザーが最初に目にする
072 .... **PART09** メインビジュアルの作成

自由に配置して遊び心をプラスする
078 .... **PART10** あしらいの配置（絶対位置）

同一レイアウトを繰り返し使いたい!
080 .... **PART11** レイアウトのリスト化

005

SNSがあるなら入れてみよう！

086 ………… **PART12** ソーシャルアイコン

ユーザーにページ遷移やお問い合わせなどの行動を促す

090 ………… **PART13** CTAセクション

最下部にあって地味だけど、大切なパーツ

094 ………… **PART14** フッター／トップに戻る

098 ………… **COLUMN** 実装マイルールを作ろう

CHAPTER03

099 ………… コンテンツが充実した
下層ページを作る

トップページでは書ききれない情報を入れる

100 ………… **PART01** 下層ページ

繰り返し使うパーツは共通化！

102 ………… **PART02** コンポーネントの作成

コンポーネントを挿入してみよう

104 ………… **PART03** 下層ページの作成／コンポーネントの挿入

トップページのパーツを流用

108 ………… **PART04** プロフィールの作成

写真が自動的にスライドされる！

112 ………… **PART05** カルーセル

規則正しいデザインで情報を整理

118 ………… **PART06** グリッドレイアウト

テキスト情報を一覧で見せたいときに便利！

124 ………… **PART07** テキストの一覧

サイト訪問者とつながる窓口

130 ………… **PART08** 問い合わせページ

メッセージ送信の完了と感謝の気持ちを伝える
136 ………… **PART09** **THANKSページ／送信設定**

サイトの信頼のためにも必須!
140 ………… **PART10** **プライバシーポリシーページ**

144 ………… **COLUMN** デザインスキルアップに繋がるデザイン分析

CHAPTER04
145 ………… **CMSを構築して**
記事を作成する

誰でも簡単にコンテンツを管理できる仕組み
146 ………… **PART01** **CMSの基本**

「WORKS」制作実績の詳細ページをCMSでつくろう
148 ………… **PART02** **CMSモデルの作成**

アイテムに任意のプロパティをカスタマイズ!
152 ………… **PART03** **プロパティの追加・編集**

アイテムの詳細を書こう!
156 ………… **PART04** **記事の編集画面**

デザインエディタと連携させよう
160 ………… **PART05** **CMSとエディタを紐づける**

ユーザーが使いやすいようにひと工夫
164 ………… **PART06** **タグのフィルタリング**

コンテンツの表示ページを作成・連携すれば完成!
170 ………… **PART07** **CMSアイテム詳細ページの作成**

178 ………… **COLUMN** 共同でサイト制作ができる! コラボレーション機能

CHAPTER05

179 .... **完成したサイトを公開しよう**

直感的に閲覧しやすいWebサイトへ最終調整！
180 .... **PART01** **公開するまでの流れ**

サイトを回遊できるようにリンクを設定しよう！
182 .... **PART02** **リンクの設定**

デザインが崩れていないかチェック！
186 .... **PART03** **レスポンシブの調整**

メニュー項目がまとまってスッキリ！
200 .... **PART04** **ハンバーガーメニュー／モーダル**

公開前に必ず確認・設定しておこう
206 .... **PART05** **動作検証して公開**

210 .... **COLUMN** **Studioで実現するウェブアクセシビリティ**

CHAPTER06

211 .... **クオリティがぐっと上がる！
デザインアイデア集**

魅せながら、読ませる！
212 .... **PART01** **文字組み・フォント**

情報を効果的に伝えるための役割
216 .... **PART02** **レイアウト**

印象やメッセージ性を大きく左右する
218 .... **PART03** **カラーリング**

ちょっとしたひと手間で魅力アップ！
220 .... **PART04** **素材加工**

動く速さでも印象が変わる

223 ………… **PART05** カルーセル

外部コンテンツを埋め込みたい!

224 ………… **PART06** 埋め込み

「ここクリックできますよ」と直感的に伝えられる

226 ………… **PART07** ホバーアニメーション

印象を変える、動きのテクニック

228 ………… **PART08** 出現時アニメーション

画面全体を動かさず、効果的なアプローチを

230 ………… **PART09** モーダル

エラーをただの行き止まりではなく、デザインする

231 ………… **PART10** 404ページ

必要なときだけ情報を展開できる!

232 ………… **PART11** トグル

限られたスペース内に多くの情報を表示したい

233 ………… **PART12** ボックス内スクロール

234 ………… **COLUMN** Studio Storeで買えるオリジナルのテンプレート

235 ………… 書籍購入者特典の案内

236 ………… INDEX

注意事項

・本書は、Windows版Google Chromeを使用したパソコンでの「Studio」の操作方法を解説しており、2025年2月時点の情報を掲載しています。ただし、すべての製品やサービスが本書の手順どおりに操作できることを保証するものではありません。

・本書で掲載しているサービス、アプリケーションなどの情報は2025年2月時点のものです。お使いのソフトのバージョンによっては紙面と機能名や操作方法が異なる場合があります。また予告なく、変更される可能性があります。

・本書に記載された情報は、情報提供のみを目的としております。本書出版に

あたっては正確な記述をつとめましたが、本書の内容に基づく運用結果について、著者および出版社は一切の責任を負いかねますので、あらかじめご了承ください。

・本書で紹介しているアプリケーション、サービスの利用規約の詳細は各社のサイトをご参照ください。いかなる損害が生じても、著者および株式会社インプレスのいずれも責任を負いかねますので、あらかじめご了承ください。

・本書のCHAPTER01、CHAPTER06で紹介されたWebサイトの参考画像は「URL」が記載がないものは著者が作成した架空サイトのデザインです。実在はしません。

本書の使い方

本書は、ひとつのポートフォリオサイトを作りながら
「Studio」の基本操作を学んでいく入門書です。
作りながら学んでいくことで、操作が理解できます。

CHAPTER01は

Webサイト制作の下準備

CHAPTER01では、制作を始める前に決めておきたい、Webサイトの目的、デザインのイメージを固めるポイントを紹介しています。制作で何から始めればいいのかわからない、Webサイト制作初心者の方はぜひ読んでください。

CHAPTER02〜05は

基本操作

CHAPTER02からは具体的にStudioの操作方法を解説。本書はひとつのポートフォリオサイトを作りながら、操作方法を解説していきます。Studioを実際に触りながら基本操作が理解でき、公開までの流れを理解できる構成です。

CHAPTER06は

応用

CHAPTER06はStudioでできる、Webデザインのアイデアを紹介。文字組を見やすくするコツや、アニメーションの設定など、Studioのみで作れるアイデアばかりなので、ぜひ実践してみてください。

INTRODUCTION

はじめに知っておきたい！

ノーコード Web制作ツール 「Studio」について

本書で解説するStudioについて、
ツールの特徴や、Webサイトを作る流れなどを
簡単にまとめました。Studioを使う前に、
まずはどんなツールなのかを知っておきましょう！

「Studio」とは？

「Studioってどんなことができるの？」「何がすごいの？」
Studioをまだ知らない方のために簡単に特徴を紹介します。

デザイン自由自在！
コード不要でWebサイトが制作できる

　Studioはドラッグ＆ドロップなどの簡単な操作で様々なサイトを作れる、ノーコードWeb制作プラットフォーム。通常のWebサイト制作とは異なり、"コード"を書かずにWebサイトの構築から公開・運用まで完結できます。コーダーやエンジニアを挟まず、Webサイトの制作から公開ができるので、サイト制作が未経験の方でも扱いやすいツールです。

　またテンプレートベースでなく、本格的なWebサイトを作れるのが魅力です。

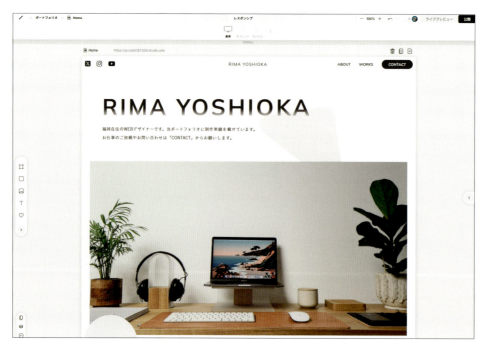

ツール1つでWebサイト制作〜公開までできます！

012

POINT

POINT 1 Web制作に必要な様々な素材が使える

モリサワが提供する「TypeSqare」や「Google Fonts」などのフォントが使え、画像・アイコンなどの素材が豊富に用意されています。Web制作に必要な素材が揃っているので、StudioだけでWebサイトの実装が可能です。

POINT 2 パソコンのWeb環境があれば誰でも自由にデザインできる

StudioはGoogle Chrome上で操作してWebサイトを作っていきます。特別なアプリのインストールは不要で、Web環境があれば誰でも利用できます。
※タブレット、モバイル端末での制作には非対応（2025年2月時点）

POINT 3 社内やチームでの共同作業もできる

プロジェクトに合わせて、複数のメンバーを招待し、共同編集が可能です。コメント機能もあるので、Studioのみでコミュニケーションが完結します。

POINT 4 日本生まれのツール、サポートも充実！

Studioは日本生まれのツールで、日本語でのサポートが充実しています。制作で困ったときは公式ガイド「Studio Help」で調べたり、サポートのチャットやコミュニティも活用できます。

Studio公式ガイド「Studio.Help」　https://help.studio.design/ja/

POINT 5 WordPressとの違い

「Studio」と「WordPress」で一般的なコーポレートサイトを作る制作作業を簡単に比較してみました。また「WordPress」で制作したサイトの中の投稿記事やカテゴリなどのコンテンツを一括でStudioに移行することも可能です。

	Studio	WordPress
デザインの自由度	○	○
制作期間	約1〜2カ月	約2〜3カ月
運営会社	日本	アメリカ
機能の豊富さ	△	○
学習コスト	低い	やや高い
サイト管理や更新に必要なスキル	ツールの操作	HTML・CSS・JavaScript等 ツールの操作
保守管理	●サーバー/ドメイン取得不要 ●システムの更新作業が不要 ●SSL/TLS証明書の無料発行	●ユーザー側で各種設定 ●システムの更新作業が必要

StudioでWebサイトを作る流れ

ノーコードでWebサイトを作るStudioを使えば、コーディングの作業が不要になります。そのため、制作工数を削減することが可能です。簡単にStudioでWebサイトを作る流れを紹介します。

❶ Studioで新規プロジェクトを作成する

まずは新規プロジェクトを作成します。ゼロからWebサイトを作りたい場合は「白紙」からデザインを選択してください。Studio内には様々なWebサイトのテンプレートも揃っているので、テンプレートベースで手軽に制作したい方は好きなテンプレートを選びましょう。

❷ デザインエディタで制作する

デザインエディタを操作して、オリジナルのWebサイトを作っていきます。デザインエディタ内で制作したものはコーディング不要でWebサイトが完成していきます。

❸ プレビューで確認

デザインエディタ内で制作したものは必ずプレビューで確認を。Studioでは「ライブプレビュー」を使えば、制作途中のものでもプレビューで確認が可能です。また、プレビュー用のリンクが発行されるので、誰とでも共有ができます。

GOAL ▶ ワンクリックでサイトを公開

Studioで制作したものは［公開］ボタンをクリックし、ドメインを設定すると、世界中に公開が可能です！ クリックするだけでWebサイトが公開できます。

まずはログインしてみよう

Studioの操作解説に入る前に、ログイン方法とログイン画面について簡単に説明します。アカウント登録が必要なので、登録をすませておきましょう。登録後、StudioにログインするとダッシュボードΩ開きます。

Studio公式サイト

https://studio.design/ja

まずはアカウント登録を完了しておこう

Studioの公式トップページで［ログイン／新規登録］ボタンをクリックすると、アカウント登録をすることが可能です。まずはアカウント登録をすませましょう。アカウント登録が完了したら、Studioにログインを。

ダッシュボードが開いたら準備完了!

Studioにログインすると「プロジェクト一覧」が開きます。
このページはStudioで制作したデザインやデータを管理するページです。
具体的なサイトの作り方に関してはCHAPTER02から解説していきます。

ダッシュボードの見方

アカウント情報や支払状況を確認したいときは、アカウントのアイコンをクリックすると確認可能です。

新しいWebサイトを制作したいときは、[新しいプロジェクト]をクリック。

Studioの使い方を学べる公式ガイドや、アップデート情報が確認できます。はじめて触る方は要チェック。

プロジェクト一覧には、Studioで制作しているWebサイトが一覧で確認できます。またそのプロジェクトを共有しているメンバーも表示されます。

次のページからは、Studioの解説に入る前に、Webデザインの下準備について説明していきます

CHAPTER
01

Studioを使う前に知っておきたい最低限の基本と下準備

Studioでいきなり作りはじめる前に、
まずはWebサイトの目的やデザインのイメージ、
設計図を準備することが大切です。
ここでは、そのための最低限の基本知識や
準備のポイントを紹介します。

PART 01

まずは何のサイトを作りたいか決める
Webサイトの種類

Webサイトの種類と目的を学ぼう！

　Webサイトを制作する際は、サイト制作の目的を明確にすることが大切です。どんなWebサイトにすれば良いのか、どんな情報を掲載する必要があるのか、これらは目的によって変わります。ここでは代表的な6つのWebサイトを紹介します。例を見ながら、自分が作りたいサイトはどんなものか考えてみましょう。

CASE 01 ／ ポートフォリオサイト
自己紹介、経歴を伝える

ポートフォリオは、自身の経歴や制作物、実績をクライアント向けに展示するためのサイト。自身のブランディングや仕事に繋げるために自分のプロフィールを魅力的に見せることが重要です。

主な構成
自己紹介／作品・実績公開／スキルと経験の詳細／問い合わせ先／SNSの紹介

CASE 02 ／ コーポレートサイト
企業情報を掲載し、知ってもらう

コーポレートサイトは、企業情報、製品・サービス、採用などの企業情報をまとめたサイト。情報を公開することで認知度と信用性を高める役割を果たし、Webデザインでブランドイメージを表現できます。

https://gaz.design/

主な構成
企業情報／製品・サービス紹介／社員紹介／IR情報／ニュースリリース／採用情報／問い合わせフォーム

CASE 03 ランディングページ
広告経由に効果的

ランディングページは、検索結果や広告などを経由し、ユーザーが最初にアクセスするサイト。商品のメリットなど情報を掲載しサービスサイトやイベントサイトなどに誘導し、ユーザー登録や商品購入などの具体的なアクションに繋げます。

主な構成

商品・キャンペーン・サービス情報／CTA（コール・トゥ・アクション＝ユーザーにとってもらいたい行動）／問い合わせフォーム

CASE 04 イベントサイト
イベント集客をサポートする

イベントサイトは、イベントの募集から開催後までの期間、最新の情報をユーザーに提供していく場所。またビジュアル的にイベントのコンセプトを伝えることで認知拡大や参加者を増やすプロモーションツールとなります。

https://pdmdays.recruit-productdesign.jp/2024

主な構成

イベント詳細／参加申し込み／プログラムスケジュール／登壇者情報／FAQ／問い合わせフォーム

CASE 05 サービスサイト
サービス・商品を詳しく紹介する

サービスサイトは、ユーザーがサービスを理解したり、利用を検討したりするための情報源。サービスの窓口としても機能し、お問い合わせから成約に繋がるので、FAQや問い合わせフォームは必ず掲載しましょう。

https://lp.secondz.io/

主な構成

サービス詳細／契約内容・価格／導入事例・お客様の声／よくある質問／問い合わせフォーム／利用規約とプライバシーポリシー

CASE 06 ニュース・メディアサイト
様々な情報を発信する

ニュースなど記事を掲載するメディアサイト。他のサイトに比べて情報量が多くなりやすいので、訪問者に見やすいサイトになっているかが重要。新着やカテゴリータグ、キーワード検索機能を付けて、探索性があるサイトにしましょう。

https://okawawalk.com/

主な構成

メディアに適した多様なコンテンツ／カテゴリー・セクション／おすすめ記事／コメント機能／問い合わせ先

PART 02

基本的な構造を知ろう！
Webサイトの構造

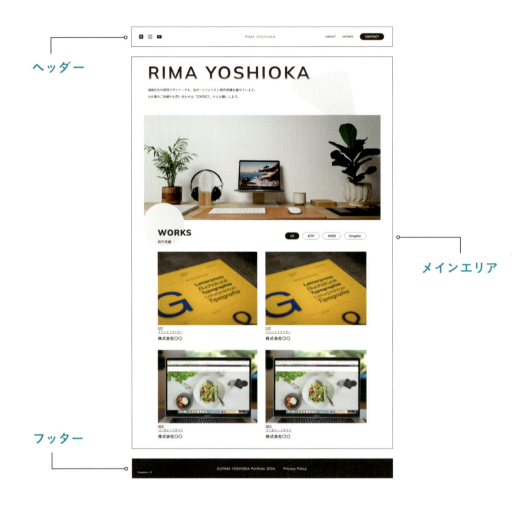

ヘッダー

メインエリア

フッター

Webサイトはブロックで構成されている

　Webサイトは一般的にヘッダー・メインエリア・フッターのブロック構造になっています。各ブロックや、その内部のコンテンツにはそれぞれ役割があり、組み合わせることでデザインが形成されます。ここでは、Webサイトを構成する基本のコンテンツを知り、Webサイトの大枠を理解しましょう。

ヘッダー
HEADER

Webサイトの上部に表示されるブロックです。ロゴやサイトタイトル、Webサイトのメインメニューであるグローバルナビゲーションを配置します。ヘッダーは訪問者がサイト全体を回遊しやすくするための案内人の役割を果たします。

▼ロゴ・タイトル　　▼グローバルナビゲーション

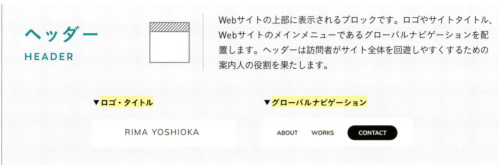

メインエリア
MAIN AREA

Webサイトの目的に応じたメインコンテンツを配置するのがメインエリア。以下は一例で、サイトの種類によって取り入れるコンテンツは様々です。適したコンテンツやレイアウトを考える際は、参考に他のサイトをたくさん見て、分析してみましょう。

▼メインビジュアル　　▼テキスト

▼画像・イラスト

フッター
FOOTER

Webサイトの最下部に表示されるブロックで、サイトマップ（サイト内の地図）やコピーライト、SNSリンク、問い合わせボタンなどを配置します。フッターはサイトによっては配置しない場合もあります。

▼コピーライト　　▼問い合わせボタン　　▼ページトップに戻るボタン

CHAPTER 01　基本と下準備

PART 03

Webサイトの基本の型をまずは知る
レイアウト

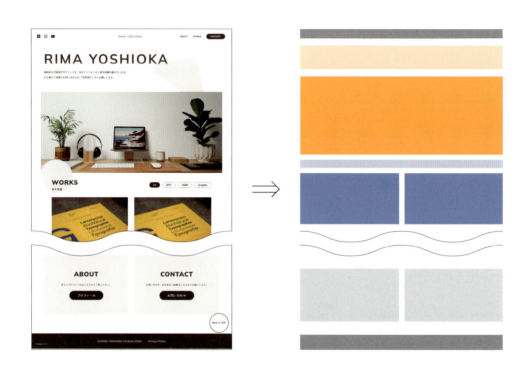

列を作ってパーツをレイアウトしていく

　PART02（P.20）で基本的にWebサイトはブロック構造になっていると解説しました。Studioでは写真やテキストなどの素材をひとつのパーツと捉え、各ブロック内で列を作ってレイアウトしていきます。この列を「カラム」と言います。

　1列で作ったサイトを「シングルカラム（1カラム）」、2列で作ったサイトを「ダブルカラム（2カラム）」と呼びます。Webサイトに掲載する情報量やパーツの数によって適切なカラム数があるので基本的なレイアウト方法を覚えておきましょう。

CASE 01 シングルカラム

Webサイトの鉄板レイアウト

メインコンテンツを1列だけで構成する一般的なレイアウト。1列で構成されているため、上から下へと縦のスクロールでサイトを閲覧できるのが特徴です。パソコンからスマートフォンまで幅広い画面サイズで見やすいので、初学者にもおすすめです。

シンプルなレイアウトなので負担なく閲覧できる

ジャンルを問わずさまざまなサイトで使える

https://recruit.gaz.design/

CASE 02 ダブルカラム

サイドバーを入れたいときはコレ

メインコンテンツに加え、サイドバーなどの補足情報を分割して表示するときによく使うレイアウトです。異なる情報を2列に分けることで見やすく、また同時に伝えやすくします。人は左から右に読む傾向にあるので、視線を意識しながらコンテンツの配置を考えましょう。

サイドバーの位置を固定したいときにおすすめ

記事のカテゴリーを分類し一覧で表示させる

https://smart-sou.co.jp/mag

CASE 03 モバイルファースト

スマホ特化型のレイアウト

スマートフォンなどのモバイル端末に合わせて制作する、名前の通り「モバイルファースト」なデザイン。最初からスマートフォンのサイズに合わせて制作するので、パソコンサイズからのレイアウトの組み替えや要素のサイズ調整がほぼ不要に。スマートフォンの利用者が増えて以降、増えつつあるレイアウトです。

パソコン版の背景にはサイトに合ったビジュアルやあしらいを

パソコン版

モバイル版

https://www.unzen.org/

パソコン版は、モバイル版のメインエリアを中心に配置し、余白にナビゲーションを

パソコン版

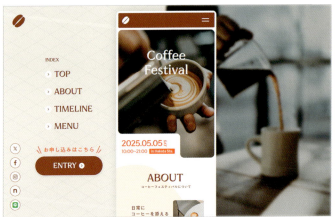

モバイル版

DESIGN TIPS

まだまだある！
Studioでおすすめのレイアウトアイデア

カラムによる基本的な組み方のほかにも、さまざまなレイアウト手法があります。
ここでは、Webサイトで使われることが多く、なおかつStudioでも再現できる
レイアウトアイデアを紹介します。

フルスクリーン

画面全体に1つのコンテンツを配置するレイアウトのこと。スクリーンいっぱいに表示された画像や動画はユーザーへ届けたい印象を与え、または情報に注目させることができます。

スプリット

スプリット＝分割という意味の通り、画面を左右に2分割したレイアウトです。下の画像のように写真などのビジュアルと連動するキャッチコピーを配置することで両方を効果的に魅せることができます。

グリッド

画像やテキストなどのコンテンツを格子状（グリッド）に配置したレイアウト。グリッドに沿って整列させることで整った印象になります。コンテンツのサイズにも強弱をつけやすく、色々な情報を見せたいときにおすすめです。

ブロークングリッド

グリッドをあえてずらしたり重ねたりするレイアウト。不規則な配置を取り入れることで視線を引きつけ、サイト全体に動きやオリジナリティを演出できます。グリッドレイアウトに比べると、難易度はやや高めです。

https://growth-next.com/
※画像は過去のデザイン

PART 04

対応必須！パソコンでもスマホでも見やすいサイトに
レスポンシブWebデザイン

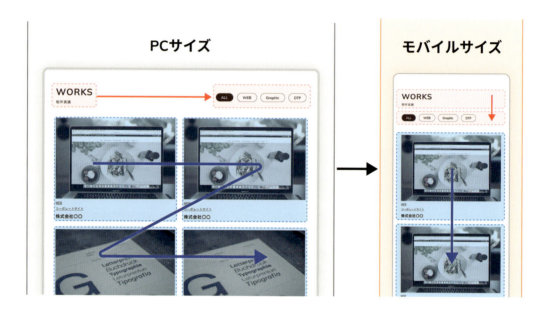

パソコン・タブレット・スマートフォン 全ての画面サイズに合わせてサイトを最適化

サイトを最適化するレスポンシブ対応とは

Webサイトはパソコンとスマートフォン、タブレットなど閲覧するデバイスによって表示サイズが異なります。たとえばパソコンの画面サイズで作ったWebサイトをスマートフォンで見ると、レイアウトがぐちゃっと崩れることがあります。

そのため、各デバイスの画面サイズに合わせてサイトの表示を見やすく最適化する必要があります。このことを「レスポンシブ対応」ともいい、近年のWebサイトは設定することが一般的になっています。

Studioでは簡単にレスポンシブ対応可能

レスポンシブ対応をする際は、「パソコン」「スマートフォン」「タブレット」の3つのサイズに適応させるのがおすすめです。通常、レスポンシブ対応はとても工数のかかる作業ですが、Studioでは簡単に対応させることが可能です。詳しい実装方法は、CHAPTER05のPART03（P.186）をご覧ください。ここではレスポンシブ対応するときの注意点を紹介します。

POINT 01 まずはパソコンのレイアウトから作りはじめる

Studioの仕様上、大きい画面サイズから順番にレスポンシブ対応させる設計になっています。パソコン→タブレット→スマートフォンの順でレスポンシブ対応を行うとスムーズに設定できます。

POINT 02 それぞれのデバイスで必ず見え方を確認

デバイスごとに画面サイズが異なるので、パソコンやスマートフォンの画面で必ずWebサイトを確認しましょう。パソコンだと正常でも、スマートフォンだとレイアウトが崩れていたり文字が読みにくかったり……といったことがないように注意しましょう。以下のチェックリストを元に確認するのがおすすめです。

▼ レスポンシブ対応時のチェックリスト

- **文字**
  - ☐ **文字サイズ**：読める（読みやすい）サイズに調整しているか
  - ☐ **改行位置**：デバイスによって横幅が異なるため、文章に合った改行位置になっているか
  - ☐ **文量**：スマートフォンはパソコンより横幅が狭くなるため、文章量が多すぎないか

- **画像、動画**
  - ☐ **画像、動画のサイズ**：スマートフォン用にサイズが調整できているか
  - ☐ **データサイズ**：データ量が重すぎないか、読み込みに時間がかかっていないか

- **レイアウト**
  - ☐ **余白の調整**：テキストや画像が窮屈になってないか、無駄な余白がないか
  - ☐ **ページの長さ**：ページが縦に長くなりすぎていないか
  - ☐ **指の操作範囲**：スマートフォンのタッチ操作が正常に行えるか

PART 05

情報を視覚的にわかりやすく伝える
写真・イラスト・アイコン

BEFORE

AFTER

写真やイラストはWebサイトの情報や機能をわかりやすくする

　写真やイラストなどのビジュアル素材は、上のBEFORE・AFTERのように情報を視覚的にわかりやすく伝える効果があります。写真は、使用シーンや風景など具体的な印象を与える際に効果的。イラストは写真同様、ビジュアルで情報を伝える役割を持っていますが、世界観を演出しやすいです。またアイコンは、クリックやダウンロードなどの操作方法をユーザーに説明する役割もあります。ここでは素材を扱う際のポイントを紹介していきます。

写真はリアルで具体的な内容を表現できる

イラストは抽象的な表現や自由な創作が可能

アイコンは操作の補助をする

POINT 01 写真とイラストは具体的な印象を与える

写真は使用シーンや風景など具体的な印象を与える際に効果的。Webサイトで使う場合はレタッチして色味を揃えましょう。イラストも同様に、ビジュアルで情報を伝える役割を持っていますが、イラストのテイストによって、親しみやすさ、ポップなどの印象作りが得意です。イラストの配色はWebサイトのトーンに合わせるとデザインに馴染みやすいです。

▼写真やイラストの選び方ポイント
- [ ] 伝えたい情報と一致してるか
- [ ] 写真に写っている、人物や風景に違和感がないか
- [ ] イラストのテイストがWebサイトに合っているか
- [ ] イラストの利用規約は問題ないか

POINT 02 アイコンを単体で使うのは避けよう

アイコンは基本的には単体で使わず、テキストの隣に補助的な役割として配置し、ステータスや機能、動作などを表します。別のページや他のサイトへの遷移、SNSシェアや資料ダウンロードなどのアクションを促す際に、アイコンを活用してみましょう。アイコンは配色のトーンはもちろん、線の太さや塗り、角丸、サイズを統一するのが基本です。

ブログ一覧を見る →

アイコンでテキストを補助してユーザーのアクションを促しましょう。

POINT 03 おすすめ素材サイト3選

写真やイラストをどこで用意すればよいのか悩んだ方のために、使いやすくおすすめのサイトを紹介します。Webサイトに必要な写真やイラストを用意するときに、ぜひ参考にしてみてください。

- **Unsplash**
  https://unsplash.com/ja

- **Adobe Stock**
  https://stock.adobe.com/jp/

- **IconScout**
  https://iconbox.fun/

PART 06

見やすさとWebサイトの個性を表現する
フォント

BEFORE

AFTER

Webサイトの良し悪しはフォントで決まる！

　Webサイトを作成する上でフォントはとても重要です。フォント次第でサイト全体のイメージが大きく変わります。
　Webサイトの雰囲気に合わせてフォントを選びましょう。その際、つくりたいサイトを擬人化してみると選びやすくなります。たとえば、そのサイトは可憐な人なのか、元気いっぱいの子どもなのか、イメージしてみましょう。「可憐な人（サイト）は、少し高めの優しい声でゆっくり話すかな。野太くて大きな声では話さないよね」などと想像してみてください。そうするとおのずとサイトのデザインイメージに合ったフォントを選びやすくなります。ここではフォント選びのポイントとイメージ別におすすめのフォントを紹介します。

\POINT/

01 フォントは2種類に絞る

Webサイトで使うフォントは2種類に絞るとデザインがまとまりやすいです。日本語用の和文フォント、英語用の欧文フォントから使うものを1種類ずつ選びましょう。日本語、英語に分けてフォントを選ぶ理由は、欧文フォントは日本語に対応しておらず、また逆に和文フォントは英語に対応していないケースもあるためです。

和文フォント
Noto Sans JP

欧文フォント
Inter

\POINT/

02 太さを選べるフォントが便利

フォントを選ぶ際は、太さ（ウエイト）が豊富なものを選ぶのがおすすめです。3段階くらい太さの種類があると、ひとつのフォントで本文用や見出し用など用途に応じて使い分けられます。

Noto Sans JP

あいうえお
あいうえお
あいうえお

\POINT/

03 たくさんのフォントを使うのは避けるべし

ひとつのWebサイトでたくさんの書体を使うのは避けましょう。書体によって与える印象が異なるためフォントを何種類も使うと、デザインがブレやすくなります。またStudioの仕様上、使用フォントが多いほど読み込み時間がかかる可能性もあるので注意しましょう。

世界中の素敵なビジネスには強い想い、絶対的
そんなwhyをデザインで可視化することで、僕

デザインにできることは限られているけれど、
もっともっとよくできることが世界中にあふれ

想いを持ってビジネスをする人を全力でサポー
ともに良い世界を作るパートナーとしてgazは

POINT 04 イメージ別・Studioで使える おすすめフォント

StudioではGoogle Fontsとモリサワフォント、FONTPLUSが無料で利用できます。ここではウエイトが豊富で、Studioで使うのにおすすめしたい和文と欧文の組み合わせを紹介します。フォント選びに悩んだら参考にしてみてください。

シンプル

和文フォント：**Noto Sans JP**

想いをデザインで可視化する

欧文フォント：**Inter**

0123456789 gaz.design

高級・上品

和文フォント：**リュウミン**

想いをデザインで可視化する

欧文フォント：**Outfit**

0123456789 gaz.design

誠実・信頼

和文フォント：**ヒラギノ角ゴ**

想いをデザインで可視化する

欧文フォント：**Nunito Sans**

0123456789 gaz.design

ポップ

和文フォント：見出ゴMB31

想いをデザインで可視化する

欧文フォント：Montserrat

0123456789 gaz.design

優しい・ナチュラル

和文フォント：A1ゴシック

想いをデザインで可視化する

欧文フォント：Quicksand

0123456789 gaz.design

かわいい

和文フォント：秀英角ゴシック銀

想いをデザインで可視化する

欧文フォント：Mulish

0123456789 gaz.design

PART 07

Webサイトの第一印象を決める
配色

一目見たときの印象を左右する

　人は情報の8割を視覚から得ています。その中でも「色」が持つイメージは大きく、知らず知らずの内に人の心に影響を与えています。そのためWebサイトに使う色も、デザインのイメージにあったものを選ぶことが大切です。上図に色ごとのイメージの一例をまとめました。自分の作りたいデザインのイメージに合う、色を選ぶ際の参考にしてみてください。次のページからは、配色の基本を説明していきます。

知性、クール、ビジネス etc...

エネルギッシュ、情熱 etc...

若さ、安全、癒し etc...

\POINT/
01　使う色は3色に絞ろう！

配色はベース、メイン、アクセントの3色に絞りましょう。ベースカラーはWebサイト全体の背景などに使用します。背景に使う色なので一般的には白・黒・グレーなどの無彩色を選ぶことが多いです。次に、メインカラーはメニューバー、フッター、見出しなどユーザーの目に留まる部分に使用します。サイト訪問者へ与えたいイメージを考えて、伝わる色を選びましょう。最後がアクセントカラー。ボタンや重要な情報などユーザーの注意を引く特定の要素を強調するために使用します。

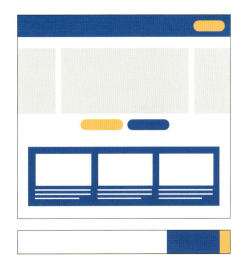

\POINT/
02　優先順位を付けて配色する

情報の優先順位に合わせて配色すると、視覚的に親切なWebサイトに仕上がります。POINT01で決めた3色を3つの役割ごとに使い分け、70％はベースカラー、25％はメインカラー、5％はアクセントカラーの比率で配色すると美しい配色になると言われています。
よくある選び方として、企業やサービスのサイトはロゴに使用されているブランドカラーやサービスカラーからメインカラーとアクセントカラーを選び、次にベースカラーを決めます。特に使用する色にルールや制限のない場合は、作りたいデザインのイメージに合わせてまずメインとベースカラーを決めて、最後にアクセントカラーを選ぶとよいでしょう。

\POINT/
03 　覚えておきたいあるあるNG6選

彩度と明度が近いと見にくい

彩度と明度が近い色を組み合わせると左側の画像のように見にくくなります。しっかりコントラストが付く色を組み合わせましょう。

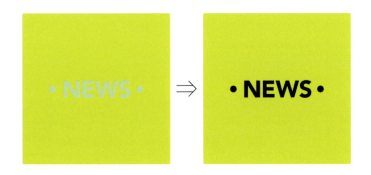

彩度が高い色の多用は控える

彩度の高い色を多く、また広い面積で使うと目に優しくないデザインになり、注目させたいポイントが目立たなくなります。彩度の高い色はアクセントカラーとして部分的に使用しましょう。

色の印象を意識する

たとえば緑なら「OK」「成功」、黄なら「警告」、赤なら「NG」「失敗」など、イメージに合う色選びを意識しましょう。印象と反する色を選ぶとユーザーが戸惑います。

目的やサイト訪問者の
イメージに合う色選びを

Webサイトに使う色は、サイトの目的やサイトに訪れる人の年齢、性別、趣味・嗜好などに合った配色を選びましょう。たとえば、リラックス感を伝えたいとき、左側の画像のように赤を選ぶとエネルギッシュな印象を与えています。

たくさんの色を
使わない

色数が多いと、視線が分散してしまい注目したい箇所に誘導できません。また、デザインもごちゃついた印象に。色数を絞ると全体にまとまりが出ます。

グラデーションは
濁った色はNG

グラデーションは明度や色相が異なると濁った色に見えます。最初は、同系色でグラデーションにするのがおすすめです。

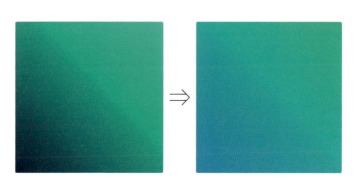

PART 08

作りたいWebサイトの具体的なイメージを固めてみよう

イメージ固め

どんなデザインにしようかな〜？

「よし作ろう！」と手を動かす前にイメージを固めよう

　作りたいサイトが決まったら、「よし作ろう！」と手を動かしたくなりますよね。でも、Webサイト制作は前準備が大切です。自分が作るサイトのコンセプト、デザインのイメージを最初に箇条書きでもいいので書き出しておくと、制作時に迷子になりません。また、テーマをしっかり頭に入れることで一貫性・統一性のあるWebサイトを作成できます。まずは右ページの3Stepを参考に、サイトの訪問者をイメージし、そこからどんなフォントや素材、カラーにするかアイデアをまとめましょう。

Step 01 作りたいイメージのキーワードを出す

まずは作りたいサイトのイメージを洗い出し、言語化していきます。どんな人がサイトを訪れるのか、どんな印象をその人へ与えたいかを考え、キーワードを書き出してみましょう。大切なのはイメージを言語化すること。たとえばかっこいいという印象でも、「洗練された」雰囲気なのか、「優雅」な印象なのか、同じ「かっこいい」でも全く違います。ネットで検索したり、書籍などを参考にキーワードを探してみましょう。

Q どんな人がサイトに訪問する？
例：IT系の会社員の男性

⇩

Q 好きなテーマ・キーワードは？
例：未来、革新、ミニマル、ちょっと堅い雰囲気が好きそう、POPはNG

Step 02 キーワードからデザインイメージを固める

書き出したキーワードを元にデザインのイメージを固めます。書き出す項目は配色、フォント、ビジュアル素材（写真・イラスト）の3つ。ここを決めておくと、実際にデザインに取り掛かるとき「どんな色を使えばいいのか……」などと悩むことを回避できます。

配色 / フォント / イラスト・写真

Step 03 イメージに近い参考デザインを探す

デザインのイメージが固まったら、そのイメージに近いデザインを探しましょう。Webサイトに限らず、チラシやパッケージなど、あらゆる分野から参考にするのがおすすめです。Step02で挙げた3項目（配色・フォント・素材）ごとに集めると、表現の幅が広がります。

最後にまとめてイメージを整理しましょう！

PART 09

掲載したい情報を整理し、Webサイトの設計図を作る
ワイヤーフレーム

Studioを操作する前に、サイトの設計図を描こう！

　ワイヤーフレームとは、「何をどこにどう配置するのか」、ページを構成する要素とその配置を文字通り線と枠を用いて作るWebサイトの設計図のこと。
　設計図なしでWebサイトの制作を始めると、テキストや写真の置き場が決められず、制作が上手く進まないことが多いです。
　サイトのイメージが固まったら、次はまずはこの設計図上でコンテンツの配置を仮決めしていきましょう。サイトの全体像を把握でき、情報のボリュームや順序（優先度）を整えることができます。プロのデザイナーは、FigmaやAdobe XDなどでワイヤーフレームを作ることが多いですが、使い慣れていない方は紙とペンで書いてまとめてみましょう。ワイヤーフレームの具体的な作り方のステップは次のページから説明します。

STEP 01 情報・素材を洗い出し、まとめる

PART08で解説した作りたいサイトのイメージを固めたら、サイトに掲載したい情報やパーツを書き出してみましょう。洗い出したものは情報の種類ごとにグループにまとめます。たとえば自分の写真・経歴・SNSリンクは「プロフィール」というグループです。グループ化できないものはそのままでOKです。

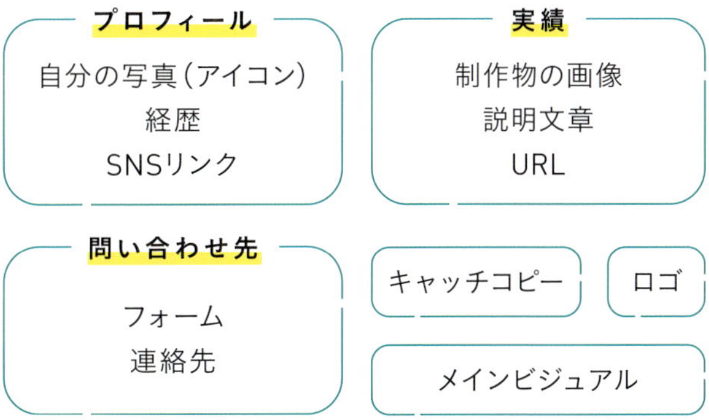

```
プロフィール
自分の写真（アイコン）
経歴
SNSリンク
```

```
実績
制作物の画像
説明文章
URL
```

```
問い合わせ先
フォーム
連絡先
```

```
キャッチコピー
```
```
ロゴ
```
```
メインビジュアル
```

STEP 02 サイトマップを作成する

グループにした情報をどのページに掲載するか、右の図のようにサイトマップを作りましょう。ページごとに、どのくらいの情報が入るのか、サイト全体のボリュームも確認していきます。

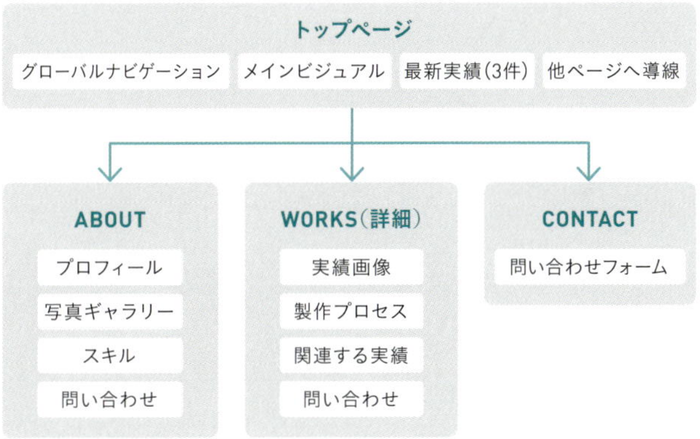

```
トップページ
グローバルナビゲーション  メインビジュアル  最新実績(3件)  他ページへ導線
```

```
ABOUT
プロフィール
写真ギャラリー
スキル
問い合わせ
```

```
WORKS（詳細）
実績画像
製作プロセス
関連する実績
問い合わせ
```

```
CONTACT
問い合わせフォーム
```

STEP 03 ワイヤーフレームを作成する

Step02で作成したサイトマップに沿って、各ページのワイヤーフレームを制作していきます。画像やテキストなどを仮配置していきましょう。作成する上で大事なのは、この段階では"デザインしないこと"。あくまで設計図なので細かいサイズ、色、あしらいは決めません。右記のようなパーツを配置して設計図を完成させましょう。初学者はパソコンとスマートフォンの両サイズのワイヤーフレームを作っておくとレスポンシブ対応の際に手戻りが発生しにくく、おすすめです。

色 ○ ○ ○ ○　　ボタン系 ［ボタン］ ［ボタン］

画像 □　　テキスト **テキスト1**

テキスト2

テキスト3

CHAPTER 01 ｜ 基本と下準備

041

COLUMN

Webデザインの企画書
ムードボード・ワイヤーフレーム

この書籍をご購入いただいた読者の皆さまのために、ムードボードとワイヤーフレームのテンプレートを作成しました。実際にデザインを作る前の目的、サイトの種類、サイト訪問者を考えたり、情報をまとめることもWebデザインの一部です。PART08「イメージ固め」で紹介した作りたいイメージをまとめたシートは「ムードボード」といって、Webサイトをデザインする上で欠かせない前準備。初期段階でムードボードを作成することで、その後のデザイン作業がスムーズになります。

キーワードを出したり配色を考えたり、アイデアを発散・収束することで、デザインの方向性やコンセプトを固めていきます。

プロのデザイナーがWebサイト制作をする上で欠かさないもうひとつのステップ、PART09「ワイヤーフレーム」の作成もぜひ挑戦してみてほしいです。
この工程にワクワクできたらデザイナーへの第一歩です。

ムードボード　　　　　　　　　　　ワイヤーフレーム

✓ 特典ファイルのダウンロード方法

「ムードボート」「ワイヤーフレーム」のFigmaファイルを、読者特典として提供いたします。
特典ファイルは下記のインプレスブックスのページにある［特典］からダウンロードできます。

https://book.impress.co.jp/books/1122101169

※ダウンロードにはClub Impressへの会員登録（無料）が必要です。

CHAPTER
02

トップページを作りながら基本操作を覚えよう

ここからはStudioの基本操作を学んでいきましょう。
この章では、ポートフォリオサイトを例に
トップページを作成しながら、Studioの基本操作である
ボックスの配置、レイヤーの扱い、タグの概念について
理解を深めていきます。

PART 01

制作しながら操作方法を学ぼう！
Webサイトを作ってみよう

本書で制作するWebサイト

トップページ

Home
Webサイトの入り口。サイトの概要を伝えるページ。
→CHAPTER02(P.62〜)

下層ページ

ABOUT
運営者についての情報がまとまっている。本書では自己紹介ページを作成。
→CHAPTER03(P.108〜)

WORKS
実績や過去のプロジェクトを紹介するページ。
→CHAPTER04(P.148〜)

CONTACT
問い合わせ方法や連絡先情報を提供するページ。
→CHAPTER03(P.130〜)

THANKS
問い合わせ後に謝辞を表示するページ。
→CHAPTER03(P.136〜)

Privacy Policy
個人情報の取り扱いやプライバシーに関する方針を説明するページ。
→CHAPTER03(P.140〜)

まずはトップページを作る

　本書では、「ポートフォリオサイト」を作りながら、基本操作を身に付けていきます。Studioで制作するWebサイトは、パーツの組み合わせでページができているので、基本操作を覚えれば、自分でゼロからWebサイトを作成したり、テンプレートを自分好みにアレンジしたりできます。CHAPTER02では、右図のようなトップページを制作していきます。

トップページの構成

ヘッダー
サイトの上部に固定します。今回は、サイト名やグローバルナビゲーション、ソーシャルアイコンを配置しています。

❶ソーシャルアイコン
アイコンにリンクを貼り、各SNSに飛べるようにします。

❷グローバルナビゲーション
サイト内のページにリンクします。サイトのメニューのような役割です。

コンテンツエリア（メインコンテンツ）
Webサイトの目的に応じたコンテンツを配置します。今回はメインビジュアル、制作実績、他ページ遷移（CTA=Call To Action）で構成しています。

❸メインビジュアル
Webサイトの最初のビジュアル。伝えたいことが一目で伝わるように、ロゴや画像、キャッチコピーなどで構成します。今回はサイト紹介文と画像を配置しています。

❹制作実績
過去のプロジェクトや実績を一覧で紹介する部分です。クリックすると下層ページのWORKSへ遷移して、より詳しい仕事内容などを掲載しています。

❺他ページ遷移（CTA）
今回は「ABOUT」や「CONTACT」などのボタンを配置し、サイト内の他ページへ訪問者の行動を促します。CTAについては、PART13（P.90）で解説しています。

フッター
Webサイトの最下部に表示されるブロックで、今回はコピーライト、プライバシーポリシーへのリンク、トップに戻るボタンを配置しています。

PART 02 ボックスレイアウトの基本
すべてはボックスの組み合わせ

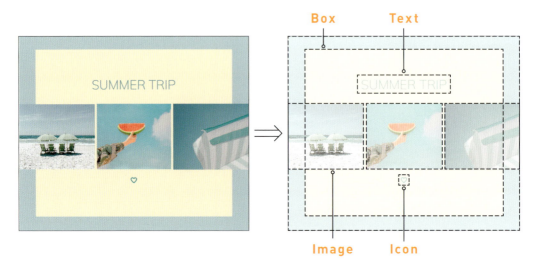

基本的な操作を学ぶ前に
覚えてほしいボックスの原理

Studioで作ったサイトは「ボックス」と呼ばれるパーツでできています。そのためサイトを作る際には、ボックスの特性を理解することが大切です。ボックスとは要素を配置するための枠と考えましょう。上の画像は、7つのボックスを組み合わせてレイアウトされています。四角の枠だけではなく、画像やテキスト、アイコンもボックスです。

POINT 01 テキストも写真もすべてはボックス

Studioでは、テキストや画像、アイコンなど、すべての要素が「ボックス」と呼ばれるパーツで構成されています。問い合わせフォームや検索ボックスといった既成のパーツも用意されているため、ゼロから作る必要はありません。

\ POINT /

02 ボックスは並べ方のルール決めができる

ボックスは、「方向」と「位置」の2つのルールを設定して並べていきます。

方向：ボックスを並べる際の方向（横方向や縦方向、折り返し）を指定します。

位置：ボックス内の要素をどの位置に配置するかを指定します。左寄せ、中央寄せ、右寄せ、両端揃え、均等配分などの設定が可能です。

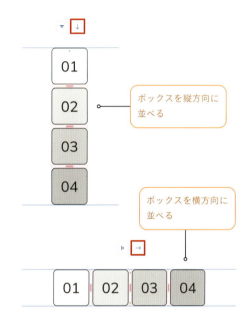

\ POINT /

03 ボックスの配置も決められる

Studioでは4つのボックスの配置方法を使い分けて、Webサイトのレイアウトを作っていきます。
Studioのデフォルトでは「相対位置」に設定されています。この4つの配置方法の使い分けはWebサイトを作りながら解説していきます。

Studio上でボックスの配置方法を選択します

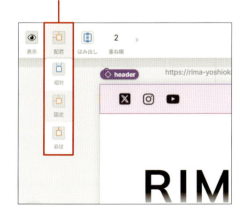

相対 **相対位置**
デフォルトの配置設定。画面をスクロールしたらボックスも一緒に動く。

固定 **固定位置**
ボックスを特定の位置に固定でき、スクロールしても動かない配置方法。ヘッダーなど常に画面に表示したいパーツに使用する。

絶対位置 **絶対位置**
固定位置と異なり、親ボックスを基準に固定。画面をスクロールすると、親ボックスに固定されたまま画面からボックスも一緒に動く。

追従 **追従位置**
スクロールの途中でボックスが固定される。親ボックスのスクロールが終了すると自動的に解除される。

PART 03

ボックスの重なり順と関係性がわかる！
レイヤーの基本

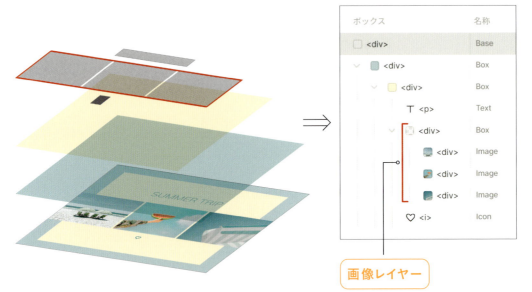

ボックスの階層構造　レイヤーパネル

画像レイヤー

ボックスの親子関係と
レイヤーの仕組みを理解する

　Studioではボックスを横や縦に並べるだけでなく、ボックス内にボックスを重ねる「入れ子構造」を使ったレイアウトもしていきます。

　入れ子構造のボックスは右図のように、親ボックス、子ボックスで親子関係を形成し、ボックスの中にボックスが重なっていきます。このボックスの重なりでできる階層構造を「レイヤー」と呼びます。

　右上の画面のようにレイヤーパネルを開けば、ボックス同士の親子関係が一目でわかり、どのボックスがどのレイヤーに属しているかを確認できます。実際の操作でもレイヤーパネルを確認することが多いため、Studioを使う前に親子ボックスとレイヤーの仕組みを理解しておきましょう。

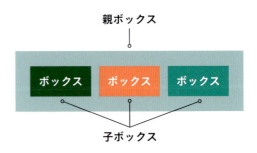

親ボックス

子ボックス

レイヤーパネルで押さえておきたい特性

\POINT/
01 ボックスの親子関係が一目でわかる

Studioでは、レイヤーパネルからボックスの階層構造を確認できます。各レイヤーやボックスには、任意の名称を付けることも可能です。ヘッダー、メインビジュアルなどグループごとに名称を付けておけば、Webサイト全体の大まかな構成がわかりやすくなります。
Studio上でレイヤーパネルを開く方法は、PART05（P.55）で説明しています。

\POINT/
02 ボックスのタグ設定が見える化される

レイヤーパネルでは、ボックスに設定してあるHTMLタグの内容も確認できます。HTMLタグとは、Webサイトの構造をコンピュータが理解するための印のようなものです。詳しくは、次のPART04（P.50）で解説します。

\POINT/
03 ボックスをグループ化できる

まだ階層化されていないボックス同士を1つのレイヤーにまとめることもできます。
対象となる複数のボックスを Shift キーを押しながら同時に選択します。その状態で、右クリックして［グループ化］を選択するか、Ctrl + G キー（Macの場合は ⌘ + G キー）を押すと、親ボックスが生成されます。
グループ化することで、子ボックスにまとめて並べ方や配置のルールを設定できるようになります。

049

PART 04

検索・アクセスしやすい仕組みづくり

HTMLタグの基本

ボックスの左上にあるタグをクリックすると、右パネルからタグを変更できる

ボックスの種類によって、デフォルトのタグや設定できるタグは異なる

HTMLタグとはWebサイトの骨格

　HTML（Hyper Text Markup Language）は、Webページの構造や内容を定義するための基本的な言語です。StudioではHTMLタグをつけることで、テキストや画像に意味や役割を持たせ、ブラウザが正しく表示できるようになります。たとえば、タグは「<p>」のように「<>」で囲まれ、段落や見出しなどの文の構造を指定します。適切なHTMLの記述は、コンピュータがコンテンツを理解しやすくするだけでなく、利用者にとってのアクセス性を高め、SEO（検索エンジン最適化）にも効果的です。ここでは、Studioでよく使うタグとその意味を紹介します。

このレッスンのポイント

TIPS　HTMLタグはWebサイトの骨格であり、レイヤーパネルを見るとその構造が視覚的にわかる

050

Studioで使用する主なタグの種類

ボックスや画像に指定できるタグ

デフォルトは\<div\>となっており、以下のタグが設定できます。PART07（P.62）からの制作で使用します。

タグ	意味
\<div\>	主にデザインやレイアウトで使われる、特に意味を持たないタグ。
\<nav\>	ページ内の他セクションへのリンクや他のページへのリンクなど、ナビゲーションリンクを持つセクションを表すタグ。
\<header\>	ページ構造の冒頭部分を示すタグ。ロゴやナビゲーション、見出しなどのコンテンツをまとめるためのタグ。
\<footer\>	ページ構造の末尾部分を示し、著者の情報、関連リンク、コピーライトやライセンスの情報などを含めるタグ。
\<section\>	1つのコンテンツをまとめるタグ。\<h1\>〜\<h6\>などの見出しタグを\<section\>内で使うことでそのセクションの主題がわかりやすくなる。
\<article\>	ブログ投稿やニュース記事など、その内容だけで完結するコンテンツに使うタグ。1ページ内で複数使用してもよい。
\<main\>	サイト全体で固有のコンテンツに対して使うタグ。基本的に1ページに1つのみ使用可能（サイトのロゴ、ナビゲーション、コピーライトなど全ページ共通のものは\<main\>に含めない）。
\<ul\>	順序なしの箇条書きを作るためのタグ。並び順を変えても問題ないものに使用。
\<li\>	\<ul\>の中で使われるリストの項目に使うタグ。単体では使用しない。
\<label\>	フォームのinputやtextareaに何を入力するのか説明や意味を表すためのタグ。

テキストに指定できるタグ

デフォルトは\<p\>で、以下のタグが設定できます。

タグ	意味
\<p\>	文章のまとまりや1つの段落を作るためのタグ。
\<h1\>〜\<h6\>	見出しを表すタグであり、h1から順番に使用する。見出しがそのまま目次になるような構成にするとよい。
\<li\>	\<ul\>の中で使用するリスト項目のタグ。
\<span\>	特定の部分を囲むためのタグ。これ自体には特別な意味はないが、見た目の調整に使われる。

051

PART 05

Studioの操作画面をまずは確認

新規プロジェクトの作成

プロジェクト一覧画面

自分が作成したプロジェクト、もしくはメンバーとして参加しているプロジェクトの一覧が表示されます。

プロジェクトの管理画面

プロジェクト名やメンバーの管理、お支払い情報の確認などができます。

デザインエディタ画面

Webサイトを制作・編集する画面です。

デザインエディタ画面から Webサイトをデザインする

　StudioでWebサイトを制作していきましょう。まずは、Studioにログインしてプロジェクトを作成します。Studioでは1プロジェクトにつき、1つのWebサイトを制作することができます。また「オリジナルでの作成」と「テンプレートを活用した作成」方法の2種類があります。この本では、「Webデザイナーのポートフォリオ」をテーマにしたWebサイトを例に、白紙の状態からオリジナルで作っていきます。

制作手順

STEP 1 白紙のプロジェクトを作成する

❶ プロジェクトを作成する

Studioにログインしておきましょう（ログイン方法は15ページで紹介）。
ログイン後、プロジェクト一覧画面を表示して［新しいプロジェクト］をクリックしましょう。

❷ 作成方法を選ぶ

［プロジェクトを作成する］の画面が開き［テンプレート］タブが表示されます。
今回はテンプレートを使わずに空白からはじめたいので左にある［空白からはじめる］をクリックしましょう。

❸ プロジェクトに名前を付ける

次にプロジェクトの名前を入力します。ここでは「ポートフォリオ」と入力しました。これはサイトの名前ではなくプロジェクトの名前となるので、自分が管理しやすい名前を付けるといいでしょう。特に公開されることはありません。
次に［作成］をクリックします。

操作画面

STEP 2 デザインエディタ画面を確認する

新しいプロジェクトが作成され、デザインエディタの画面に切り替わります。StudioではこのデザインエディタでWebサイトのデザインを制作していきます。まずはどんな機能がどこにあるのか確認していきましょう。

デザインエディタ画面

- Ⓐ Studioのプロジェクト一覧ページに戻る
- Ⓑ プロジェクトの他のダッシュボードに遷移
- Ⓒ 開いているページのタイトルを表示、最近開いたページへ遷移
- Ⓓ 基準サイズの画面表示
- Ⓔ タブレットサイズの画面表示
- Ⓕ モバイルサイズの画面表示
- Ⓖ エディタ上のページ表示サイズの変更
- Ⓗ 作業を一つ戻る、一つ進む
- Ⓘ プロジェクトを編集しているメンバーのアイコンを表示
- Ⓙ ライブプレビューボタン
- Ⓚ 公開ボタン
- Ⓛ ヘルプ、エディタの使い方やコミュニティなどに遷移

デザインエディタを自在に操作する方法

以下の操作を覚えておくと、エディタ画面を思い通りに操作できます。

画面を上下に動かす：マウスのホイールを転がす
画面を左右に動かす：[Shift]キーを押しながら、ホイールを転がす
画面の拡大・縮小：[Ctrl]キー（Macの場合は[⌘]キー）を押しながら、ホイールを転がす

左パネル

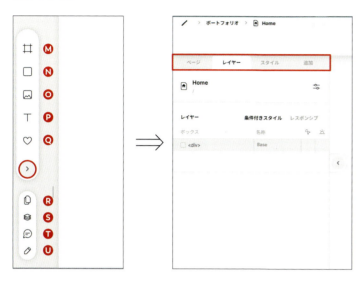

- **M** セクションボックスを挿入
- **N** ボックスを挿入
- **O** 画像を挿入
- **P** テキストを挿入
- **Q** アイコンを挿入
- **R** ページパネルを開く
- **S** レイヤーパネルを開く
- **T** コメントモード。コメントの追加、確認が可能
- **U** コンテンツ編集モード。テキストのみ編集可能。デザインは編集できなくなる

左パネルにはボックスやパーツの挿入ボタンなどが用意されています。要素（ボックス）を配置するときに使います。をクリックすると、レイヤーパネルや作成しているWebサイトのページの一覧が展開されます。

右パネル

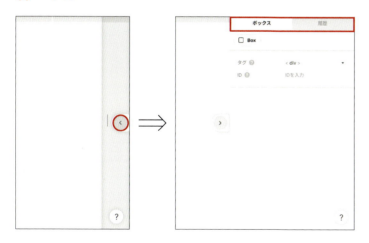

右側のをクリックすると、右パネルが展開されます。右パネルにはボックスパネルと履歴パネルがあります。

クリックとドラッグでWebサイトが作成できる

クリック＆ドラッグの操作でWebサイトを作れるのがStudioの特長です。最初は慣れないかもしれませんが、触っているうちに感覚的に操作できるようになります。

制作手順

STEP 3　テキストボックスを挿入して、スタイルバーを確認する

❶ テキストボックスを挿入する

左パネルの［テキスト］をクリックして、スクリーンの中央上部にドラッグします。するとボックスが配置されます。

❷ 各項目のタブを確認する

ボックスが挿入されると、エディタ画面上部のスタイルバーに［ボックス］［テキスト］［モーション］タブが表示されます。各種のスタイルバーを確認しましょう。

［ボックス］タブ

ボックスの配置、重ね順などを設定するタブ

Ⓐ **表示**：ボックスの表示設定（基準、タブレット、モバイルの各画面表示の有無）
Ⓑ **配置**：相対・固定・追従・絶対の配置スタイル
Ⓒ **はみ出し**：親ボックスからはみ出した子ボックスの表示スタイル
Ⓓ **重ね順**：ボックスの重ね順の確認、変更
Ⓔ **マージン**：ボックスの外側の余白設定
Ⓕ **パディング**：ボックスの内側の余白設定
Ⓖ **横幅**：px／％／auto／flex／vwの単位で設定
Ⓗ **縦幅**：px／％／auto／flex／vh／dvhの単位で設定

Ⓘ **角丸**：ボックスの角丸の設定、数値の変更
Ⓙ **不透明度**：ボックスの不透明度の設定、数値の変更
Ⓚ **塗り**：ボックスの塗りの設定、カラーの保存が可能
Ⓛ **枠線**：ボックスの枠線の設定、色・スタイル・数値の変更
Ⓜ **シャドウ**：ボックスのシャドウの設定、色・スタイル・数値の変更
Ⓝ **条件付きスタイル**：カーソル、アニメーション等の条件付きスタイルの設定

［テキスト］タブ

テキストのサイズ、フォントなどを設定するタブ

- **A 文字間**：文字の間隔を設定
- **B 行高**：1行あたりの縦幅を設定
- **C サイズ**：テキストのサイズをpx、rem、vw、vhの単位で設定
- **D フォント**：フォントの種類の設定
- **E 太さ**：フォントのウェイトを変更 ※フォントの種類による
- **F イタリック**：テキストを斜体に設定
- **G 下線**：テキストに下線を設定
- **H 色**：テキストの色の設定、カラーの保存が可能
- **I シャドウ**：テキストのシャドウ設定
- **J 配置**：テキストを左端揃え・中央揃え・右端揃え・両端揃えに設定可能
- **K 文字組み**：横書きや縦書きの設定

［モーション］タブ

アニメーションの細やかな設定をするタブ

トランジション：アニメーションの緩急や時間配分を調整する

トランスフォーム：移動・回転・スケール・傾きの4種類の動きをボックスに細かく設定できる

❸ テキストボックスを削除する

スタイルバーの説明は以上です。テキストボックスを選択して、Delete キーを押すとテキストボックスが削除されます。
操作画面の確認は以上です。
次のページからWebサイトの制作をはじめていきます。

057

PART 06

最初に準備しておくとGOOD！
カラーとフォントの設定

ポートフォリオサイトで使う配色とフォント

配色（カラー）

白（#FFFFFF）	グレー（#F0F0F0）	黒（#322B29）
全体の背景に使います。	特定のセクションの背景などに使います。	文字色と目立たせたい部分に使います。

フォント

欧文フォント「Mulish」

和文フォント「こぶりなゴシック」

配色・フォントをエディタ画面に設定しスマートに操作

　Webサイトを作成する前に、デザインで使用するカラーとフォントをエディタ画面に設定します。カラーやフォントは多種多様にあるので、作成しながら決めるのではなく、最初に決めておくとスマートです。Studioではエディタ画面に使う配色やフォントを登録しておくことができます。

　今回のプロジェクトで使用するカラーとフォントは上図の通りです。テンプレートでなく、オリジナルのデザインを実装する場合は自分で決めた配色とフォントを設定しましょう。

このレッスンのポイント

▶ カラーとフォントは最初に設定し、作業を効率化
▶ 配色は3色分設定
▶ 欧文・和文フォントを設定

TIPS 和文フォントは、Google FontsよりもTypeSquareの方が種類が多いのでおすすめです。

設定手順

STEP 1 カラーを設定する

❶ 塗りパネルにグレーを設定する

まず、カラーの設定をします。スクリーン上の空白をクリックします。[ボックス] タブが表示されたら、[塗り] をクリック。カラーコードに「#F0F0F0」と入力して [＋] をクリックします。するとパネルにグレーが登録されます。

空白部分をクリックすると [ボックス] タブが表示
カラーコードを入力

❷ 続けて黒を設定する

同様の手順で「#322B29」を入力して、黒の塗りを設定しましょう。

白はデフォルトで設定されているカラーコード（#FFFFFF）を使うので、設定は不要です。

グレーに加えて黒が追加される

❸ 不要なカラーを削除する

黒のカラーが設定できたら、エディタ画面上のボックスの色を白（#FFFFFF）に戻しておきましょう。次に不要なカラーを削除します。
カラーにマウスポインターを置いて、[×] をクリックすると削除できます。

このWebサイトで使用する3色のカラーの設定ができました。

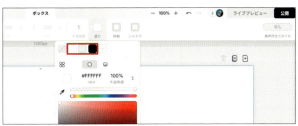

不要なカラーを削除

設定手順

STEP 2 フォントリストに使用するフォントを追加する

❶ フォントリストを表示する

スクリーンにテキストボックスを挿入すると、スタイルバーに［テキスト］タブを表示されます。
次に［フォント］をクリックして、［フォントを追加］をクリックしましょう。

❷「Mulish」を検索して欧文フォントを追加する

右の画面のように検索ボックスに「Mulish」と入力。結果が表示されたら［Mulish］をクリックすると、フォントリストにフォントが追加されます。

❸ フォントサービスをTypeSquareに変更する

同様に［フォントを追加］から「こぶりなゴシック」を追加します。今回はフォント名を検索する前に、検索するフォントサービスを［Google Fonts］から［TypeSquare］に変更します。

> StudioではGoogle Fonts、TypeSquare(モリサワ)、FONTPLUSが提供するフォントを利用できます。和文フォントはTypeSquareに多く用意されています。

❹「こぶりなゴシック」を検索して追加する

[TypeSquare]に変更すると右の画面のように、初回のみ[Type Squareを使用]が表示されるのでクリックします。

次に、検索ボックスに「こぶりな」と入力。「こぶりなゴシックW3」と「こぶりなゴシックW6」をクリックして追加します。これでフォントリストに欧文フォントと和文フォントが追加できました。

> 今回、こぶりなゴシックの「W3」と「W6」の2種類を追加しました。Google Fontsの場合、フォントの太さを自由に変更できますが、Type Squareは変更できません。そのため、2種類の太さのフォントを追加しました。

❺ 不要なフォントを削除する

カラーと同じく、不要なフォントをフォントリストから削除しましょう。最初から設定されている「Lato」は、不要なので削除します。[Lato]にマウスカーソルを置くと表示される⋯をクリック。
次に⋮をクリックして、[フォントを削除]をクリックしましょう。これで必要なフォントのみ設定できました。テキストボックスを削除しておきましょう。

PART
07

まずはサイトの上部から作っていく

ヘッダーの作成

このレッスンで作成するヘッダー

サイト名　　　　　　　グローバルナビゲーション

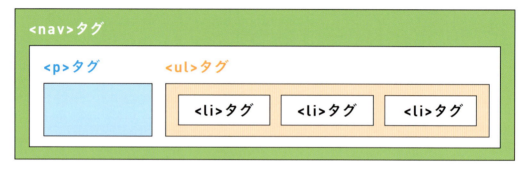

ヘッダーを作成しながら HTMLタグを理解する

　ここからはWebサイトを作成していきます。まずはWebサイトの一番上「ヘッダー」から作っていきます。作成するポートフォリオのヘッダーにはサイト名やロゴ、グローバルナビゲーションを設置します。グローバルナビゲーションはサイトの目次のようなものです。
　ここまで解説した、ボックスレイアウトの基本（P.46）、レイヤーの基本（P.48）、HTMLタグの基本（P.50）の内容を参考に、Studioの仕組みを理解しながら作ってみましょう。

このレッスンのポイント

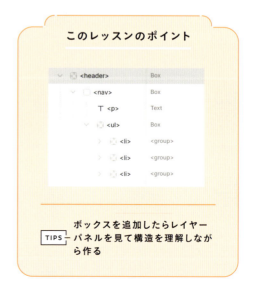

TIPS　ボックスを追加したらレイヤーパネルを見て構造を理解しながら作る

制作手順

STEP 1 ヘッダーを作成する

❶ ボックスを挿入する

左パネルの［ボックス］をクリックまたはスクリーンの中央上部にドラッグします。このボックスが後にヘッダーとなります。

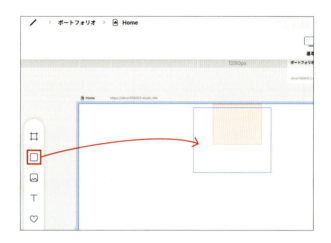

❷ ボックスの幅と高さを調整する

次にボックスを横幅いっぱいに広げます。［ボックス］タブの横幅の単位［px］をクリックして［％］に変更し、数値を［100］と入力。するとボックスがスクリーンの横幅いっぱいに広がりました。
高さはあとから調整するため、今の段階では作業しやすいように少し大きめのサイズ（150px以上）にしておくとよいでしょう。

❸ ボックスの塗りを透明にする

ボックスの塗りを透明にします。［塗り］をクリックして❹を選択してください。

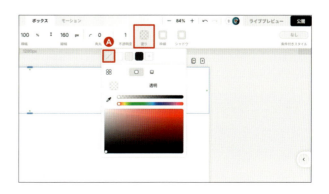

制作手順

❹ ヘッダーに
　 タグを設定する

ボックスを選択した状態のまま、右サイドの〈をクリックして、右パネルを展開します。
次にボックスパネルの「タグ」をクリックして［＜header＞］を選択します。タグをつけることで、このスペースがヘッダーだという目印になります。

STEP2　navボックスの中にサイト名を挿入する

❶ ヘッダーの中に
　 ボックスを挿入する

新しいボックスをheaderボックスの中央にドラッグして挿入します。

挿入したボックスはヘッダーより一回り小さくしたいので、ボックスの横幅を「98％」に設定しましょう。

❷ ＜nav＞タグを設定する

右パネルのボックスパネルを表示して、［＜nav＞］のタグを選択します。「nav」は、ナビゲーションの略です。

❸ ボックスを
不透明度80％の白に塗る

navボックスを選択して、塗りを白に設定。
不透明度を「80％」にします。

> ［塗り］の左にある［不透明度］でも設定できますが、この不透明度はボックス内の子要素（ここでいうテキスト）にも適用されてしまうため注意が必要です。

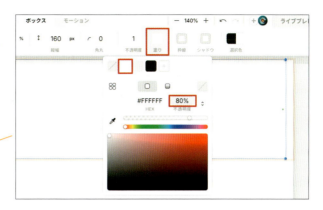

❹ テキストを挿入する

テキストボックスをnavボックス内の中央にドラッグします。このテキストボックスはサイト名になります。タグはデフォルトの<p>のままにしておきます。

次に、［テキスト］タブで書式を設定します。
文字間：0.1
行高：1
サイズ：16
フォント：Mulish
色：黒（#322B29）
書式が設定できたら、ここでは「RIMA YOSHIOKA」とテキストを打ち替えます。

DESIGN TIPS

透明ではなく
不透明度80％の白を塗る理由

今回はサイトをスクロールしても、ヘッダーが固定されるデザインにします。透明にしてしまうと、背面のデザインと被って文字が見にくくなるので、不透明度80％の白を設定しました。不透明度を設定することで、おしゃれさもアップします。

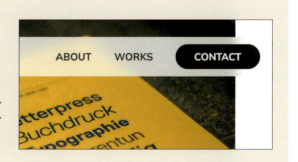

制作手順

STEP 3 グローバルナビゲーションを作成する

❶ ボックスを横並びに挿入する

「RIMA YOSHIOKA」の下に新しいボックスを挿入します。右の画面のようにボックスが縦並びなので、横並びにします。navボックスを選択した状態で、方向メニューにカーソルを合わせ、横並び（→）を選択します。するとボックスが横並びになります。

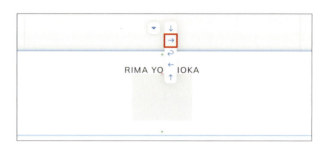

❷ タグを設定する

横並びになったら、divボックスの右辺をドラッグして横幅を広げます。
次に右パネルを展開して、順序なしの箇条書きにしたいので<ul>タグを選択します。

❸ テキストを挿入する

ulボックスの中にテキストボックスを挿入して、テキストを「ABOUT」と入力。書式は以下に設定します。
行高：1
サイズ：14
太さ：700

現在、[ABOUT]のボックスは<p>タグが設定されています。[ABOUT]を選択した状態で Ctrl + G キーを押し、次に右パネルから<li>タグを選択しましょう。

> Ctrl + G キーでボックスをグループ化し、親ボックスを作成できます。通常は複数のボックスを選択してグループ化しますが、ここでは[ABOUT]単体をグループ化しています。この親ボックスに <li> タグをつけて複製することで、グローバルナビゲーションを効率的に作成できます。

❹ ボックスをコピーする

<li>タグを設定したボックスを選択した状態で Ctrl + C キーを押して、コピーします。そのまま Ctrl + V キーを2回押して、3つのボックスを作成します。

3つのテキストを横並びにしたいので、3つのテキストの親ボックスであるulボックスを選択し、方向メニューを横並び（→）に。

配置メニューは中央揃え（▶）になっているか確認しておきましょう。

> Macの場合は、コピーは ⌘ + C キー、貼り付けは ⌘ + V キー、グループ化は ⌘ + G キーを押しましょう。

❺ ボックス間に余白を入れる

ulボックスを選択してギャップを「32」に設定。子ボックスの間隔を均一に調整できます。コピーしたボックスにはそれぞれ「WORKS」「CONTACT」と入力。

最後に、ulボックスの塗りを透明にし、縦幅を「auto」に設定します。次に、navボックスの縦幅「54px」、headerボックスの縦幅を「auto」に設定します。これでグローバルナビゲーションの完成です。

ギャップは、ボックス間の余白を一括で設定できる

> 次のレッスンでは、「CONTACT」を目立たせるボタンを作成します。
> また、ヘッダーはまだ完成していません。PART08のSTEP3で配置を調整すると、ヘッダーが完成します。

PART 08

カーソルを合わせるとスタイルが変わる

ホバーアニメーションを設定する

BEFORE

ABOUT　　WORKS　　CONTACT

問い合わせを増やすためにも「CONTACT」をもっと目立たせたい！

AFTER

ABOUT　　WORKS　　**CONTACT**

CONTACT

カーソルを合わせるとスタイルが変わる！

ホバーアニメーションを設定してよりクリックしやすいボタンに

　クリックを促したいボックスは、他のボックスとは違うデザインにしてみましょう。今回は、黒いボタンのデザインにホバーアニメーションを付けます。

　ホバーアニメーションとは、マウスカーソルを乗せたときに色や形が変化する動作のことです。これによりユーザーの注意を引きつけて、クリックなどのアクションを促せます。Webデザインの基本的なテクニックのひとつなので、ぜひ覚えておきましょう。

このレッスンのポイント

▶ **ボタンをデザインする**

▶ **ボタンにアニメーションを設定する**

▶ **最後にヘッダーの要素を整理する**

TIPS サイトに合わせてデザインすることで浮かないボタンを作れます

制作手順

STEP 1　ボックスをボタン型にデザインする

❶ ボックスのパディングの値を指定する

CONTACTが入力されているliボックスのパディングを設定します。パディングとは、ボックス内の余白のことです。

CONTACTが入力されているliボックスを選択し、エディタ画面上の［ボックス］タブの［パディング］をクリックし、中央の鍵マーク（🔒）をクリックすると、3種類の入力設定を切り替えられます。

・4辺すべてに同じ数値
・上下／左右で同じ数値
・4辺それぞれに異なる数値

今回は、上下・左右で同じ数値を設定するため、右画像のマークになればOKです。上下「8」、左右「24」と入力し、ボックス内の余白を設定しましょう。

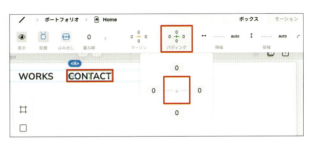

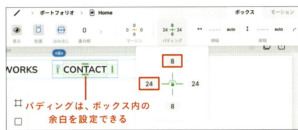

> 鍵マークはマージンでも同様に使えます。入力が楽になるので、ぜひ覚えておきましょう。

❷ 角丸のボタンにデザインする

テキストボックスをボタンの形にデザインします。［ボックス］タブの［角丸］を「80px」に設定します。次に［枠線］をクリックして「2」と入力し、色を「黒」にします。枠線の付いた角丸のボタンが完成です。

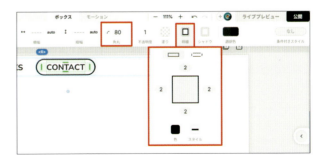

❸ ボタンに色を設定する

最後にボタンに色を付けます。liボックスの［塗り］を「黒」に設定しましょう。次にCONTACTのテキスト（<P>タグ）をクリックして、［色］を「白」に設定します。これで、ボックスを使ったボタン型デザインができました。

制作手順

STEP 2　ボタンにホバーアニメーションを設定する

❶ ホバーを設定する

完成したボタンに色が変化するホバーアニメーションを設定していきます。
CONTACTが入力されているliボックスを選択して、画面右上の［条件付きスタイル］から［ホバー］をクリック。

条件付きスタイルが青色に変わります。青色の状態で、ボックスの［塗り］を「白」に設定します。
さらに中のテキストを選択して、文字色を「黒」に設定します。

> CONTACTが選択されていると、条件付きスタイルが「ホバー」に変わります。

❷ プレビュー画面で動作を確認する

CONTACT以外の要素をクリックすると、条件付きスタイル（ホバー設定）から元に戻ります。次に［ライブプレビュー］をクリックして、ホバーが適用されているか確認しましょう。
表示されたリンクに移動すると、プレビュー画面が表示されます。

> スマートフォンで確認したいときは、二次元コードを読み取りましょう。ただし、ホバーアニメーションはスマートフォンには対応していません。

ボタンにカーソルを合わせて、ボタンが白地の黒字になるか確認しましょう。

(STEP 3) **ヘッダーの配置を調整する**

❶ ボックスの幅を調整して左右に配置する

最後にヘッダー要素の配置を整理します。まずはABOUTなどのボタンの配置を設定します。ulボックスの横幅を「auto」にします。子ボックスに合わせて、親ボックス（ulボックス）のサイズが自動的に調整されます。

次にnavボックスを選択して、ボックス上部の配置メニューから ▸ にカーソルを合わせ、中央両端揃え（|·|）を選択しましょう。「RIMA YOSHIOKA」が左に寄り、「ABOUT」などが右に寄ります。

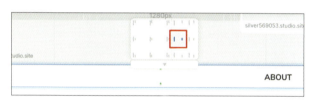

❷ ヘッダーを固定表示する

最後にheaderボックスを選択して、[配置]→[固定] をクリック。
固定表示にするとヘッダーの位置が固定され、スクロールしても、ヘッダーは移動しません。

DESIGN TIPS

正しくレイヤーが作られているか確認！

ここまでで、ヘッダーが完成しました。最後にレイヤーパネルをみて正しい階層になっているかチェックしてみましょう。heder>nav>ul>liの階層ができていたらバッチリです！

PART 09

サイトを訪れたユーザーが最初に目にする
メインビジュアルの作成

メインビジュアルで
サイトの印象が決まる

　ヘッダーが完成したら、次にメインビジュアルを作成していきます。ポートフォリオなので、写真を主役にしつつサイト名と説明文を入れたメインビジュアルにします。

　写真やイラストを入れる際は、伝えたい内容や雰囲気に合わせて選びましょう。また、Studioのエディター画面ではストックフォトサイト「Unsplash（アンスプラッシュ）」の画像が検索でき、そのままサイトに利用できます。Unsplashには300万枚以上の画像があり、無料で商用利用できます。

このレッスンのポイント

▶ マージンなどを使ってボックスの位置を調整していく

▶ テキストの<h1>タグの使い方を学ぶ

▶ 画像ボックスを使って写真を配置する

TIPS <h1>タグはページの主題を示すため、各ページにひとつしか存在しない

制作手順

STEP 1　メインページの枠組みをつくる

❶ボックスを挿入して　<main>タグを設定する

何も選択していない状態で、ボックスをクリックして挿入。挿入できたら［ボックス］タブから以下の設定をしておきましょう。

横幅：100%
縦幅：任意の高さに設定
塗り：透明

> 縦幅は後の工程で調整をするため、ここでは少し大きめの「700px」がおすすめです。

右パネルのボックスパネルを開き、<main>タグを設定します。<main>タグは、サイトの主要なコンテンツを表すタグです。

❷mainボックス内に　ボックスを挿入する

mainボックス内へ新しいボックスをドラッグして挿入します。挿入できたらmainボックスを選択して、配置メニューから中央上揃え（ ）を選択します。

ボックスを上部に配置できたら、以下の設定をしておきましょう。

横幅：100%
縦幅：任意の高さに設定
タグ：<section>

<section>タグは、ボックスのまとまりを示すタグです。このボックスに、メインビジュアルのテキストや写真を入れていきます。

制作手順

❸ ヘッダーの下にsection ボックスを配置する

ヘッダーに重ならないようにsectionボックスを配置したいので、sectionボックスのマージンを「上64」と指定しボックスの配置を調整します。

マージンが調整できたらsectionボックスの塗りを「透明」に設定しておきましょう。

> マージンを上・下・左・右と個別に設定したいときは、鍵マークをグレー（🔓）の状態で入力します。

マージンは、ボックスの外部の余白を設定できる

❹ sectionボックス内に ボックスを挿入する

最後にsectionボックス内へさらに新しいボックスをドラッグ。このボックスにはメインビジュアルのテキストや写真が入ります。配置できたら、以下を設定します。

横幅：1120px
縦幅：任意の高さに設定
塗り：透明

これでメインビジュアルの枠組みの完成です。

STEP2 メインビジュアルのテキストを入力する

❶ ボックス内に テキストを挿入する

サイト名や説明文のテキストを追加していきます。前手順で挿入したdivボックス内にテキストボックスをドラッグ。

テキストが挿入できたら、divボックスを選択して、配置メニューから左上揃え（▣）を選択します。

❷ 文字を入力して、書式を設定する

テキストが左上に配置できたら、ここでは「RIMA YOSHIOKA」と入力します。次に書式を設定します。

文字間：0.1
行高：1
サイズ：85
太さ：700
色：黒
タグ：<h1>

<h1>タグは、最上位の見出しを表すタグです。設定することで、SEO効果を高めることができます。

STEP 3　リード文のテキストを入力する

❶ 紹介文のテキストボックスを挿入する

h1ボックスの下にテキストボックスを挿入して、サイトの説明文を入力します。次に書式を設定します。説明文のフォントはPART5で設定した「こぶりなゴシック」を使います。

文字間：0.05
行高：2
サイズ：16
フォント：こぶりなゴシックW3
色：黒
配置：左揃え
タグ：<h2>

<h1>タグは1ページに対して1つしか設定しません。次に大きな見出しには<h2>タグを設定します。<h2>タグはセクションごとに1つずつ設定します。

制作手順

❷ h1とh2のボックスの間隔を調整する

h1とh2ボックスが入っているdivボックスを選択。画面上の［ボックス］タブでギャップは「24」、縦幅は「auto」を指定します。現在のボックスに合わせて高さが調整されました。

次にsectionボックスを選択して、パディングを「上80」と指定して、配置を中央上揃え（ ）に設定して、テキスト周りのデザインは完了です。

DESIGN TIPS

テキストにグラデーションを付ける

テキストの色パネルから、グラデーションカラーを設定することが可能です。1つのカラーパレット内で複数の色を指定し、グラデーションの方向や色が変わる位置の調整もできます。使用時には以下の点にご注意ください。

- テキストボックスの背景色や下線は設定できない
- 色のアニメーション時（単色→グラデーション）に文字が点滅する
- 一部のブラウザで、グラデーション付きアニメーションがサポートされない

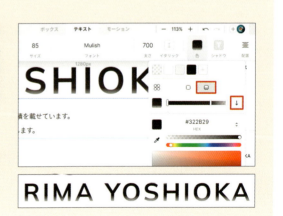

STEP 4　画像を配置する

❶ 画像ボックスを挿入する

テキストの入ったdivボックスを選択した状態で、画像ボックスをクリックして挿入。配置できたら、以下に設定しておきましょう。

マージン：上 72
横幅：95％
縦幅：645px

次に、画像右上にある画像の配置方法は[Box]を選択します。

Studioにおいて、画像の配置にBoxとImgの2つの方法があります。Boxモードでは、画像を背景の塗りとして扱うため、縦横比を保持できませんが、[画像]タブからフィルター効果を適用したり、子要素を挿入したりできます。
一方、Imgモードでは画像の比率を自動で保持（auto）できますが、フィルター効果や子要素は追加できません。

❷ 画像を選択する

画像ボックスをダブルクリックすると、左パネルから「Unsplash」の検索窓が表示されます。テーマにあった画像を検索して、挿入したい画像をダブルクリックしましょう。自分で用意した画像を使う場合は、「Unsplash」の項目の下にある「アップロード」からできます。

❸ ボックスの高さを調整する

イメージ画像を挿入したら、親の<section>ボックスと<main>ボックスの縦幅を「auto」に設定しましょう。ボックスのサイズが自動的に調整されます。これでメインビジュアルの完成です。
最後にレイヤーパネルを確認し、<header>が上、<main>が下の順になっているかを確認してください。順番が異なる場合は、ドラッグして入れ替えましょう。

PART 10

自由に配置して遊び心をプラスする
あしらいの配置（絶対位置）

テキストや画像のボックスと重なるように配置できる

絶対配置でサイトにあしらいを加えよう

　ここではPART02（P.47）で紹介したボックスの配置方法「絶対位置」を使い、上の画面のようにメインビジュアル内にあしらいを追加していきます。

　絶対位置とは、親ボックスの最も近い辺を基準に要素を固定する配置設定のこと。今回のように装飾を施したりする際に非常に便利です。デザイン性を高めたい場合や細かな調整が必要なシーンで、積極的に活用しましょう。

このレッスンのポイント

▶ あしらいを追加する
▶ あしらいの配置を調整する
▶ 重ね順を調整する

TIPS どの親ボックスに固定するか決めよう！ 最後に重ね順を調整するのを忘れずに。

制作手順

❶ あしらい用のアイコンを挿入する

「RIMA YOSHIOKA」のdivボックスにアイコンボックスをドラッグします。ハートのアイコンが追加されたら、アイコン上に表示されている<i>の部分をダブルクリック。左パネルにアイコンの一覧が表示されます。

検索ボックスで「sort-up」と入力し、[Font Awesome]をクリック。スクロールすると「▲」のアイコンが表示されるので、クリックしてアイコンの形を変更します。このアイコンが三角形のあしらいになります。

色はグレーに設定し、操作しやすいようにサイズを一度「72」に変更しておきます。

❷ 絶対位置にする

アイコンの配置を[絶対位置]に変更。次にアイコンを右へドラッグします。
ドラッグする位置によって、絶対位置の基準となる辺が変わります。今回は下の図のように上辺と右辺が基準になるようにドラッグしましょう。

[ボックス]タブで「上-40／右125」に設定します。

❸ あしらいを調整する

[アイコン]タブでサイズを「600」に変更し、[モーション]タブで回転を「37deg」に設定します。最後に重ね順を「-1」にすると、文字の後ろにあしらいが配置されます。

PART 11

同一レイアウトを繰り返し使いたい！
レイアウトのリスト化

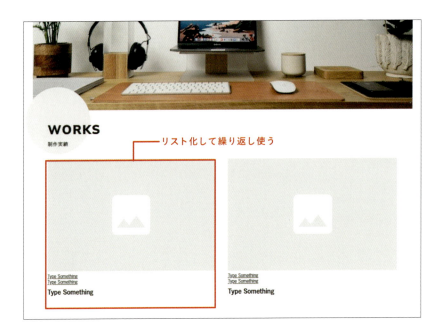

過去実績を並べる
WORKS一覧を作ってみよう

　過去実績をカードのように並べるコンテンツ一覧を作成します。Studioでは同じレイアウトを繰り返す場合に、「リスト」という機能を使います。
　今回は画像＋テキストのレイアウトを作成し、それをベースにリスト化していきます。WORKSの一覧は、CHAPTER04のCMSで管理していくため、今は何も情報が入ってない状態で大丈夫です。CMSの説明と使い方はCHAPTER04で解説します。

このレッスンのポイント

▶ sectionボックスの中にコンテンツ幅のボックスを挿入

▶ テキストと画像カードのパーツを作る

▶ リスト化の機能を使って同じパーツを複製する

TIPS 最後に各ボックスの縦幅を「auto」に設定するのを忘れずに。

制作手順

STEP 1 枠組みを作成する

❶ ボックスを挿入して<section>タグを設定する

メインビジュアルのsectionボックスの下に新しいボックスを挿入し（mainボックス内に入るように）、以下に設定。このボックスがWORKSの親ボックスになります。

パディング：上40
横幅：100％
縦幅：任意の高さに設定
塗り：透明
タグ：<section>
ID：works

❷ コンテンツ幅に合わせたボックスを挿入

sectionボックス内にボックスを挿入し、配置は中央上揃え（□）に。挿入したボックスはコンテンツ幅のボックスにします。

> 今回、本書で作成するサイトのコンテンツ幅は1120pxに統一しています。

以下の設定でコンテンツ幅のボックスになります。

マージン：左右60
横幅：1120px
縦幅：任意の高さに設定
塗り：透明

> コンテンツ幅とは、サイトの中身を入れる枠組み（範囲）のこと。コンテンツ幅が広がるほど、ユーザーは視線を横に大きく動かす必要があり、読みづらさや疲れを感じやすくなります。文章を読ませたい場合は、横幅を狭めるのもひとつの方法です。

操作画面が狭くなったら画面下のバーを下にドラッグすることで拡張できる

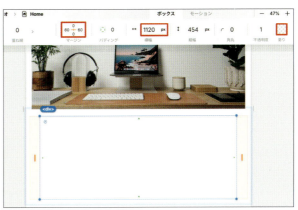

制作手順

STEP 2 タイトルを設定する

❶「WORKS」を入力する

前ページで作成したdivボックス内の左上にテキストボックスを挿入。「WORKS」とテキストを入力して、書式を設定します。

文字間：0.05　　太さ：900
行高：1　　　　色：黒
サイズ：40　　　タグ：<h2>
フォント：Mulish

❷「制作実績」を入力する

「WORKS」を選択して右クリックで［ボックスを複製］し、そのまま貼り付けます。「WORKS」が下にコピーされました。テキストの書式を以下に設定します。

文字間：0.05
行高：1
サイズ：16
フォント：こぶりなゴシックW3
色：黒
タグ：<p>

書式を設定できたら「制作実績」とテキストを入力します。

❸ ボックスをグループ化する

「制作実績」のみを選択した状態で Shift キーを押しながら「WORKS」をクリック。2つのボックスを選択できたら Ctrl + G キー（Macの場合は ⌘ + G キー）を押してグループ化します。
次に、divボックスのテキストを左揃え（▨）にして、ギャップを「16」に設定します。

082

STEP 3　WORKSにあしらいを入れる

❶アイコンを挿入する

テキストの後ろに円形のあしらいを追加していきましょう。STEP2の❸でグループ化したdivボックス内にアイコンを挿入します。
ハートのアイコンが追加されたら<i>タブをダブルクリック。左パネルが表示されら、「circle」と入力して「●」のアイコンをクリックします。

次にアイコンの色とサイズを以下の設定に変更します。

サイズ：210
塗り：グレー

❷絶対位置にする

最後に［ボックス］タブの配置からcircle「絶対位置」にして、アイコンの位置を調整すれば完成です。

重ね順：-1
配置：上-114／左-71

STEP 4　リストのパーツを作成する

❶画像とテキストを挿入する

STEP2の手順❸でグループ化したボックス下に画像ボックスと2つのテキストボックスを挿入します。テキストは以下の書式を設定しましょう。

行高：1　　　下線：下線あり
サイズ：14
フォント：こぶりなゴシックW3

制作手順

❷ テキストをグループ化して、さらにテキストを追加する

下線を引いた2つのテキストボックスをグループ化して、ギャップを「4」に設定します。

その下に新しいテキストボックスを追加して、以下の書式に設定します。

行高：1.5
サイズ：20
フォント：こぶりなゴシックW6

STEP 5 リストを設定する

❶ 画像とテキストをグループ化する

STEP4で挿入した画像ボックスとテキストボックスを選択して、グループ化します。グループ化できたらギャップを「8」に設定して、テキストを左揃え（≡）にしておきましょう。すでにSTEP4で一部グループ化しているため、右の画面のように画像とテキストの間に2つのギャップが設定されます。

❷ ボックスをリスト化する

グループ化したdivボックスを選択している状態で、右パネルを表示。[Box]をクリックして[リスト化]を選択します。

084

リスト化されたコンテンツが2段組みで表示されましたが、横1列の表示に変更しましょう。

リスト化されたボックスをダブルクリックすると方向メニューが表示されます。方向メニューから折り返し⤶を選択すると、リストが横並びになります。

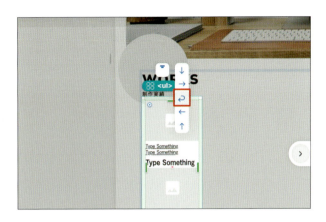

❸ リストの配置を調整する

リストのサイズと配置を調整します。ulボックスの配置を以下に設定しておきましょう。

マージン：上40
パディング：0
ギャップ：40
横幅：100％

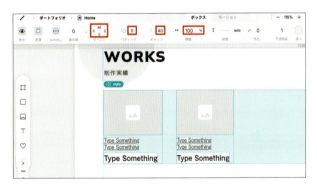

リストの1つめのアイテムをダブルクリックします。<li>の青いタグの左隣に［0］が表示された状態で横幅を「50％」に設定。

次に画像ボックスを選択して横幅を「100％」、縦幅を「350px」に設定します。すると自動的に2つめのアイテムも同じ設定がされます。

最後にSTEP1で「任意の高さ」に指定したsectionボックスとコンテンツ幅のdivボックスの縦幅を「auto」に設定します。これで一旦完成です！

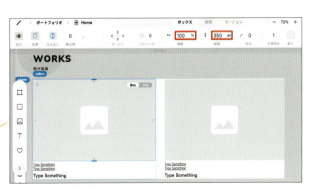

> Studioではリスト機能を使うことで、同じレイアウトを効率的に作成・管理できます。さらに、CMSの情報と紐付けることで、運用がもっと簡単に！詳しくはCHAPTER04のPART05（P.160）で解説します。

PART 12

SNSがあるなら入れてみよう！

ソーシャルアイコン

アイコンを均等にまとめる

ユーザーとの関係性を強化するきっかけにも

　SNSで発信している方は、せっかくなのでサイトにもリンクを入れてみましょう。ソーシャルな活動を見てもらえることで、ユーザーとのコミュニケーションのきっかけにもつながります。

　今回はX、Instagram、YouTubeのアイコンを並べてみました。事例ではヘッダーに配置していますが、どこに並べるかは自由です。また、ソーシャルアイコンはStudio内に用意されているので、他からダウンロードして挿入する必要はありません。

このレッスンのポイント

▶ SNSアイコンはバラバラにせず、まとめて配置

▶ 必ず<ul>の下層には<li>タグを置く

▶ アイコンをグループ化してギャップで間隔を調整

TIPS Studioはフリーで使えるアイコンが豊富。近いトーンのデザインを選んで並べよう！

制作手順

STEP 1 アイコンを作成する

❶ ボックスを挿入する

ヘッダーのnavボックスの中央にボックスを挿入しましょう。ボックスを挿入する際は、Shiftキーを押しながら挿入すると、配置しやすいです。挿入できたら以下の設定をしておきましょう。

横幅：288px　　塗り：透明
縦幅：100%　　タグ：<ul>

❷ Xのアイコンを挿入

挿入したulボックスにアイコンをドラッグします。
ハートのアイコンが追加されたら、<i>タグをダブルクリックしましょう。

左にアイコンパネルが表示されます。
検索ボックスに「X」と入力して［Font Awesome］をクリック。
「X」のアイコンをクリックします。

アイコンが挿入されました。アイコンを選択してCtrl＋Gキー（Macの場合は⌘＋Gキー）を押して、グループ化します。
次に<div>タグから<li>タグに変更してください。
右画面のように、<ul>タグの中に<li>タグを入れる構造になりました。

087

制作手順

❸ アイコンを複製する

グループ化したliボックスをクリックして、Ctrl+Cキー（Macの場合は⌘+Cキー）を押してコピーします。そのままCtrl+Vキー（Macの場合は⌘+Vキー）を2回押します。
Xのアイコンが縦に3つ並びました。

ulボックスを選択して、方向メニューを横方向（→）に変更して、アイコンを横並びにします。

STEP2　3つのソーシャルアイコンを作成する

❶ アイコンを変更する

左のレイヤーパネルから中央のiボックスを選択します。選択すると右の画面のように、ボックスパネルが表示されました。

次に、ボックスパネルのアイコンをクリックします。

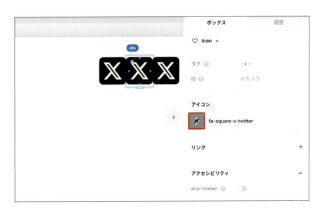

すると、左パネルにアイコンの検索パネルが表示されます。検索ボックスで「Instagram」と検索。[Font Awesome] からアイコンを選択します。

❷ アイコンの間隔を調整する

Instagramのアイコンが挿入されました。同様の操作で3つ目はYouTubeのアイコンに変更しましょう。

アイコンが入っているulボックスを選択して、ギャップを「24」に設定します。次にボックスの縦幅を「auto」にします。

❸ レイヤーを移動する

レイヤーパネルを表示して、<ul>タグを<p>タグの上へドラッグします。

ソーシャルアイコンがヘッダーの左端に表示されました。ulボックスを選択して左揃え（ ）にしておきましょう。

> レイヤーパネルでレイヤーを移動すると、ボックスの位置も変更されます。headerグループの最上部にあるレイヤーは、画面上で最も左端に配置されるボックスです。

SNSのリンク設定を忘れずに！

ここではアイコンの配置までを解説していますが、ソーシャルアイコンには必ずリンクを設定しましょう。外部サイトへのリンク設定方法は、CHAPTER05のPART02（P.185）で説明しています。

PART 13

ユーザーにページ遷移やお問い合わせなどの行動を促す
CTAセクション

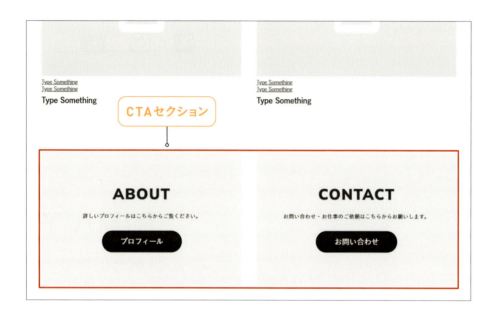

導線作りでWebサイトの成果を上げる

　デザイン性の高いサイトや有益な情報が掲載されているサイトも、お問い合わせや応募など具体的なアクションに繋がると、さらに優れたサイトといえるでしょう。そのために重要なのがCTA（Call To Action）セクションです。

　CTAは、ユーザーが自然に行動したいと感じる場所に最適に配置することがポイントです。また、ボタンやリンクにはわかりやすいライティングを心がけることで、より効果的になります。

　今回は、TOPページの下部に「ABOUT」と「CONTACT」のセクションを設置し、訪れたユーザーがスムーズにアクションを起こせるようにします。

ここまでのレイヤーを確認

PART07〜12まで作成して、レイヤーの階層が上の画面のようになっているか確認しましょう。階層が異なる場合はレイヤーの入れ替えで整理してください。

制作手順

STEP 1 枠組みを作成する

❶ ボックスを挿入する

mainボックス内にボックスを挿入して以下に設定します。

パディング：上下 120
横幅：100%
縦幅：任意の高さに設定
塗り：透明
タグ：<section>

sectionボックス内の中央にさらに新しいボックスを挿入し、コンテンツ幅のボックスを作成します。

マージン：左右60
横幅：1120px
縦幅：任意の高さに設定
塗り：透明

STEP 2 「ABOUT」を作成する

❶ 下地を挿入する

さらにボックスを中央に挿入します。

パディング：上下 88／左右 16
横幅：任意の幅に設定
縦幅：100%
塗り：グレー

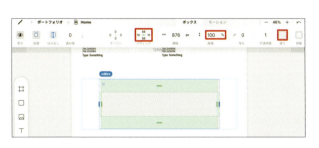

テキストボックスを挿入して以下の書式に設定できたら、「ABOUT」と入力します。

文字間：0.05
行高：1
サイズ：40px
太さ：900
タグ：<h2>

091

制作手順

❷ さらにテキストを挿入

「ABOUT」の下にテキストボックスを挿入して以下の書式に設定します。次に「詳しいプロフィールはこちらからご覧ください。」と入力します。

文字間：0.05
行高：2
サイズ：14
フォント：こぶりなゴシックW3

❸ ボタンを作成する

テキストの下にボックスを挿入して、ボタンの形にします。この時点では、横幅と縦幅は適当なサイズで大丈夫です。

パディング：上下16／左右48
角丸：80
塗り：黒
枠線：2／黒

ボックス内にテキストボックスを挿入して、「プロフィール」と入力。書式は以下に設定します。

行高：1
サイズ：20
フォント：こぶりなゴシックW3
塗り：白

❹ 配置を調整して、ホバーを付ける

ボタンのdivボックスを選択して、横幅と縦幅を「auto」に設定。次に、グレーのdivボックスを選択して、ギャップを「24」、縦幅を「auto」に設定します。
次にPART08（P.68）を参考にボタンにホバーアニメーションを付けます。前回同様に、カーソルを合わせたときにボタンが白、文字が黒になるように設定します。

092

STEP 3 「CONTAT」を作成する

❶「ABOUT」を複製する

sectionボックスとコンテンツ幅のdivボックスの縦幅を「auto」に設定。次にグレーのdivボックスを選択して横幅を「50％」に設定。

ここまでできたら、グレーのdivボックスをコピーしてそのまま貼り付けて、複製します。

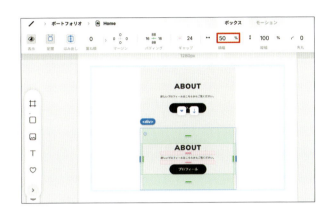

❷ ボックスを横に並べる

コンテンツ幅のdivボックスを選択して、方向メニューを横並び（→）に変更します。次に配置を調整します。

ギャップ：40

❸ 文字を入力する

最後にコピーしたボックスのテキストを打ち替えます。「CONTACT」「お問い合わせ・お仕事のご依頼はこちらからお願いします。」とテキストを変更しました。

複製して作ることで効率よく！

だいぶ、ボックスの操作には慣れてきましたか？
似たようなデザインの場合、いちから作るのではなく複製して作ります。ボックスの配置が微妙にずれることも防げますし、作業効率も上がりますよ。

PART 14

最下部にあって地味だけど、大切なパーツ
フッター／トップに戻る

ボタンもフッターに含める。クリックするとTOPに遷移するように設定

Webサイトの下部には必ずフッターを挿入する

ナビゲーションメニューの補助的な役割も

　本章最後のパートではフッターを作っていきます。フッターには、ヘッダーには入りきらないメニューを設置できます。たとえば、コピーライトやプライバシーポリシー、サイトの運営者（会社情報）、利用規約などです。きちんと補足することでユーザーの信頼感にも繋がるでしょう。
　今回は「トップに戻る」ボタンも作成します。これがあることでスクロールする手間が省けるので、サイトのユーザビリティも向上するでしょう。

このレッスンのポイント

▶ フッターを作る

▶ サイト末尾にトップに戻るボタンを配置

▶ 最後にライブプレビューでサイトの仕上がりを確認

TIPS 丸ボタンを挿入するには、ボックスの横幅と縦幅を同じ値にし、角丸を50％に設定すると正円になります。

制作手順

STEP 1 枠組みを作成する

❶ ボックスを挿入する

mainボックスの下にボックスを挿入して以下に設定します。

パディング：上下40
横幅：100%
縦幅：任意の高さに設定
塗り：黒
タグ：<footer>

❷ テキストを挿入する

footerボックス内にテキストをドラッグして「(C)RIMA YOSHIOKA Portfolio 2025」と入力。そして、以下の書式を設定します。

文字間：0.05　　フォント：Mulish
行高：2　　　　色：白
サイズ：16

さらに挿入したテキストを複製して、「Privacy Policy」と入力。2つのテキストをグループ化して、方向メニューを横並び（→）にします。

ここまでできたら、グループ化したボックスを選択して、少し間を開けるためにギャップを「40」、縦幅を「auto」にします。最後にfooterボックスの縦幅を「auto」にしましょう。

お問い合わせフォームがある場合は、必ずフッターにプライバシーポリシーを！

プライバシーポリシーとは、個人情報をどうやって収集したり活用、管理、保護するかを書いたものです。お問い合わせフォームなど、個人情報を集める場合は、プライバシーポリシーを作って、Webサイトに載せなければいけません。

制作手順

STEP 2 「トップに戻る」ボタンを作成する

❶ 正円を挿入する

footerボックスの上にボックスを挿入して、以下に設定します。横幅と縦幅を揃え、角丸を50％にすることで、正円になります。

横幅：**120px**
縦幅：**120px**
ボックスの塗り：**白**
角丸：**50％**
枠線の塗り：**黒**
枠線：**2**

❷ テキストを挿入する

円の下にテキストボックスを挿入して、「Back to TOP」と入力。そして、以下の書式を設定します。

行高：**1**
サイズ：**14**
フォント：**Mulish**
太さ：**700**
色：**黒**

テキストを正円の中へドラッグします。

次にPART08（P.68）を参考に、正円にホバーアニメーションを設定しましょう。カーソルを合わせたときにボタンが黒、文字が白になるようにデザインします。

❸ ボタンをフッターのレイヤー内に配置する

左パネルのレイヤーパネルを表示して、ボタンのレイヤーをfooterレイヤー内にドラッグしましょう。これでボタンもフッターの枠に入りました。

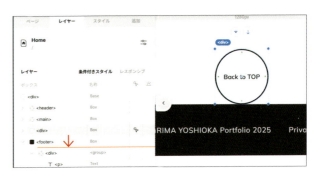

❹ ボタンの位置を調整する

ボタンの配置を［絶対位置］に設定し、フッターの右上に移動します。位置は「右32／下120」に配置しました。

> 絶対位置は、親ボックスを基準に指定した位置に要素を配置する方法です。他のボックスの配置に影響を受けず、自由にレイアウトできるのが特徴です。

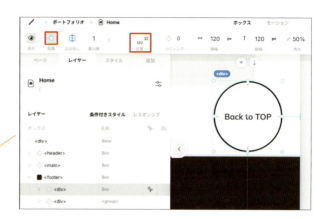

STEP 3 ボタンにリンクを設定する

❶ mainタグにIDを付ける

同じページ内の特定のセクションへリンクを設定することを「アンカーリンク」と言います。アンカーリンクを設定するには、ボックスにIDを付与します。
今回はmainボックスにリンクさせるため、mainボックスを選択し、ボックスパネルのID欄に「top」と入力します。これがページ内の目印となります。

❷ ボタンにリンクを張る

レイヤーパネルから<footer>の下にある<div>をクリックしてボタンを選択しましょう。次に、右パネルのボックスパネルを表示します。リンクの［＋］をクリックして［#top］を選択。これで、ボタンをクリックすると、mainボックスまで飛ぶようになりました。

> これでトップページの完成です。最後にライブプレビューでWebサイトの仕上がりを確認しましょう。

COLUMN

実装マイルールを作ろう

　Studioはノーコードツールの中でもデザインの自由度が高く、ピクセル（以下、px）単位でサイズ設定できます。そのため、最初は文字サイズや余白の設定に迷う初学者が多かったりします。そこで、おすすめするのが「実装マイルール」です。必ず決めているのが「余白」「文字サイズ」です。事前にを決めておけば、迷わずスムーズな実装を行えます。たとえば、タイトルの文字サイズは40px、文章の文字サイズ16pxなど、本書のサイトは8の倍数を基準に作成しています。それは多くのデバイスやスクリーンサイズに8の倍数が用いられており、汎用的に合わせやすい数値だからです。

　規則性をもたせることで、デザインクオリティも上がります。また各要素はコピー＆ペーストを活用して効率的に実装しましょう。

　見出し・CTA・同じデザインの部分をあらかじめ把握しておくのも操作スピードを上げるポイントとなります。チームで制作する際にデザインと実装の担当者が異なる場合は、最初にルールをすり合わせておくと、やり直しが起きずスムーズに実装できます。

8の倍数ルール

左の画面では、8の倍数ルールに基づいて、文字サイズやマージン、パディング、ギャップの数値を設定しています。
規則性を保ちながら、効率的な実装を心がけましょう。

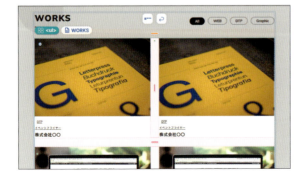

エコな実装法

同じデザインの部分をあらかじめ把握し、それらを使い回すことで効率的な実装が可能になります。これにより、実装内容の統一も図れ、多くのメリットが得られます。
エコな実装方法として、トップページ作成後にすぐレスポンシブ対応を行うのがおすすめです。こうすることで、他のページ制作前に効率よく調整できます。詳細はCHAPTER05のPART03（P.186）で解説します。

CHAPTER
03

コンテンツが充実した下層ページを作る

下層ページを作りながら、グリッドレイアウトや問い合わせ
フォームなどを制作するためのテクニックを紹介していきます。
またCHAPTER02で制作した要素を活用して
効率よく制作するコツも押さえておきましょう。

PART 01

トップページでは書ききれない情報を入れる
下層ページ

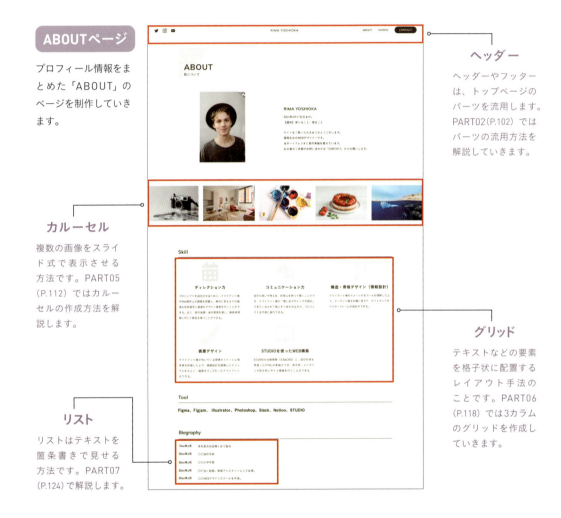

ABOUTページ
プロフィール情報をまとめた「ABOUT」のページを制作していきます。

カルーセル
複数の画像をスライド式で表示させる方法です。PART05（P.112）ではカルーセルの作成方法を解説します。

リスト
リストはテキストを箇条書きで見せる方法です。PART07（P.124）で解説します。

ヘッダー
ヘッダーやフッターは、トップページのパーツを流用します。PART02（P.102）ではパーツの流用方法を解説していきます。

グリッド
テキストなどの要素を格子状に配置するレイアウト手法のことです。PART06（P.118）では3カラムのグリッドを作成していきます。

下層ページって何？

　Webサイトは階層構造になっており、階層の一番上にあるトップページと名前の通り下の階層にある下層ページの2種類に分けられます。下層ページとは、トップページから派生した個別のページのことです。トップページでは書ききれない情報を下層ページにまとめていきます。CHAPTER03では、CHAPTER02で作成したトップページを基にABOUTページ、問い合わせページ、Thank Youページを作成していきます。下層ページを作る際は、配色やフォントなどデザインを統一したり、サイトの階層構造やURLをシンプルにすることが大切です。

100

問い合わせページ

問い合わせフォームを配置したページです。一見、作成するのが複雑そうに見えますが、Studioに備わっているフォームのボックスを使えば簡単に作成できます。PART08（P.130）ではページの作成だけでなく、問い合わせフォームが送信された際の通知先の設定も行います。

Thank Youページ

問い合わせフォームが送信された後に自動的に遷移するページです。PART09（P.136）ではCONTACTページと結びつける方法も解説します。

下層ページを作る流れ

すべてのページをゼロから作るのは大変なので、一度作ったページを複製して共通部分はそのままに、違う箇所のみ新規に実装します。フッターやヘッダーなど、どのページにも使うパーツは「コンポーネント化」をして流用するのがおすすめです（次のページで解説します）。

PART 02

繰り返し使うパーツは共通化！
コンポーネントの作成

ヘッダーとフッターを
コンポーネント化。
下層ページに再利用。

コンポーネントとは
デザインを再利用する機能

　下層ページを作成する前に、ヘッダーとフッターをコンポーネント化しましょう。Studioのコンポーネントとは、よく使うパーツを共通化して、プロジェクト内で再利用できる機能です。同じパーツを何度もデザインする必要はありません。また、コンポーネント化したパーツは、編集すると他のページにも反映されます。効率化はもちろん、デザインの一貫性が保たれる便利な機能です。下層ページを作成する際は、最初にコンポーネント化したいパーツがないか確認しましょう。

このレッスンのポイント

TIPS　共通デザインである、ヘッダーとフッターはコンポーネント化しておく

制作手順

❶ ヘッダーを
　　コンポーネント化する

トップページのheaderボックスを選択して、マウスを右クリック→［コンポーネント化］をクリック。するとコンポーネントの設定画面が表示されます。
Ctrl + J キー（Macの場合は ⌘ + J キー）を押しても設定画面を表示できます。

設定画面でコンポーネント名を「Header」と入力し、［コンポーネントを作成］をクリックしましょう。これでヘッダーがコンポーネント化されました。

コンポーネントされたボックスは、エディタ画面上で紫の枠線で囲まれます。

❷ フッターを
　　コンポーネント化する

ヘッダーと同様の手順でフッターもコンポーネント化しましょう。コンポーネント名は「Footer」にしました。これでヘッダーとフッターのコンポーネント化が完了です。

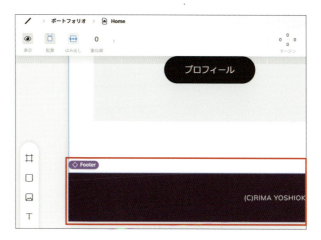

PART 03

コンポーネントを挿入してみよう

下層ページの作成／コンポーネントの挿入

新規ページを作成してABOUTページを作る

　トップページに紐づく下層ページのABOUTページを作成していきましょう。まず白紙ページを追加し、次にページタイトルとURLのパスを設定します。ページタイトルはブラウザのタブや検索結果ページに表示されるため、ページの内容を要約した言葉にするのがおすすめです。

　白紙のページが追加できたら、コンポーネントでヘッダーとフッターを挿入します。ワンクリックで挿入できるので、複雑な操作は不要です。

このレッスンのポイント

▶ 下層ページを作成する

▶ ページパネルでページタイトルとURLを設定する

▶ 最後にコンポーネントでヘッダーとフッターを追加

TIPS パーツを上手く流用して効率的に下層ページを作ろう！

制作手順

STEP 1　下層ページを作成する

❶ 新規ページを作成する

ABOUTページ（下層ページ）を作成するため、左パネルのページパネルを開きます。このパネルはWebサイトのページを管理します。
下層ページを作成するには、ページパネル右上の［追加］をクリックします。
ページタイプを選択する画面から「ページ」を選択します。

> モーダルは、ページの上に表示されるポップアップウィンドウです（P.200で解説）。リダイレクトは、Studioで公開済みのページURLを変更した場合など、古いURLから新しいURLへ自動的に訪問者を転送させたい際に使用しますが本書では使用しません。

❷ ページ名を入力して、パスとタイトルを設定する

エディタ画面が白紙ページに切り替わり、ページパネルに「Page 1」という下層ページが追加されます。「Page 1」をダブルクリックし、「ABOUT」と名前を変更。次に名前の横のアイコンをクリック❹して、ページ設定パネルを表示します。

ここではパスに「about」、タイトルに「ABOUT」と入力します。

> パスとは、Webサイトの URL のうち、ドメイン名の後に続く部分のことです。たとえば、URL「https://gaz.design/about」は、「https://gaz.design」がドメイン名で「/about」がパスです。

制作手順

STEP 2 コンポーネント化したヘッダーとフッターを挿入する

❶ ヘッダーを挿入する

追加したページにコンポーネント化したヘッダーをまずは追加します。左パネルの追加パネルを開き、[コンポーネント]を選択。要素一覧から「Header」をクリックします。

PART02でコンポーネント化したヘッダーが挿入されました。

❷ メインのボックスを挿入する

フッターを追加する前にメインコンテンツを配置するスペースを作っておきましょう。新しいボックスをクリックして挿入します。

キャンバスにグレーのボックスが配置されたら、以下の設定にしておきましょう。

パディング：上64
横幅：100％
縦幅：任意の高さに設定
塗り：透明

106

❸ メインのタグを設定する

❷のdivボックスを選択して、右パネルからデフォルトで<div>になっているタグを<main>に変更します。
後で「TOPに戻るボタン」の遷移先に設定するために、ID欄に「top」と入力します。

❹ フッターを挿入する

ヘッダーの挿入と同様の手順でmainボックスの下にフッターのコンポーネントを配置します。これで下層ページの追加とコンポーネント化したヘッダーとフッターの設置が完了しました。レイヤーが以下のようになっているか確認しましょう。

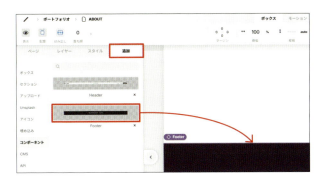

DESIGN TIPS

サイト全体でデザインを統一させる！

トップページと下層ページにおいて、ボタンや見出しなど同じ機能を持つパーツは統一性を持たせることが重要です。たとえば、トップページで使用している配色やフォントが、下層ページで意図せず異なっていた場合、サイト訪問者が異なるサイトに来たのかと混乱することもあります。また、各パーツの余白がバラバラだと、デザインのクオリティが低い印象を与えてしまいます。
コンポーネント機能を使ったり、トップページで使用したパーツを複製することは効率化にも役立ちますが、サイト全体のデザインクオリティを保つためにも重要です。

PART 04

トップページのパーツを流用
プロフィールの作成

トップページのパーツを流用しながら
プロフィールを作成する

　新しく作成した下層ページ「ABOUT」を作成していきましょう。ABOUTページにはプロフィール情報を掲載していきます。
　このページは、トップページで使っているパーツを活用して作成していきます。Studioでは他ページのパーツをコピペできるのが特徴です。同じデザインで統一したい時は、積極的にコピペを活用すれば効率的に作成できます。
　PART04では、画面のプロフィール紹介文を作成していきます。

このレッスンのポイント

TIPS　トップページのあしらいをコピーして再利用する

制作手順

STEP 1　パーツを流用して見出しを作成する

❶ボックスを2つ挿入する

mainボックスの中にボックスを挿入。
<section>タグに変更して、以下を設定します。

パディング：上120
横幅：100%
縦幅：任意の高さ（600〜700px程度）
塗り：透明

さらにsectionボックスの中にボックスを挿入。コンテンツ幅のdivボックスとなるように設定します。

マージン：左右60
横幅：1120px
縦幅：任意の高さ（600〜700px程度）
塗り：透明

❷Homeからボックスを
　コピーして貼り付ける

🅐をクリックし、[Home]に切り替えます。レイヤーパネルを開き、「WORKS」「制作実績」と円形アイコンがグループ化されている親ボックス🅑を選択してコピーします。

ABOUTページに戻り、コンテンツ幅のdivボックスを選択した状態で、🅑を貼り付け。コンテンツ幅のdivボックスと同じ階層に貼り付けられるので、レイヤーパネルから🅑をdivボックス内の階層へドラッグ。

制作手順

❸ アイコンの配置を調整して、変更する

コンテンツ幅のdivボックスを選択して、左上揃え（ ）を選択。最後にテキストを「ABOUT」「私について」と変更し、「ABOUT」は<h1>タグに設定します。

次にアイコンを三角に変更します。円形のアイコンをダブルクリックして、左パネルの検索ボックスから「sort-up」を検索し、▲を選択。アイコンが三角に変わったら、位置やサイズを調整します。

[ボックス] タブの位置：上-120／左-35
[アイコン] タブのサイズ：270
[モーション] タブの回転：-45deg

STEP 2　自己紹介用の写真とテキストを挿入する

❶ プロフィール写真と名前を挿入する

「私について」の下（グループボックスの下）に画像ボックスを挿入し、プロフィール写真に変更します。画像右上に表示されるタブは「img」にし、横幅「240px」に設定します。縦幅は写真サイズに合わせて自動的に調整されます。
次にSTEP1の❶で挿入したsectionボックスとコンテンツ幅のボックスの縦幅を「auto」に変更します。

画像の下にテキストボックスを挿入して、英字で名前を入力し、書式を設定します。

文字間：0.05
行高：2
サイズ：20
フォント：Mulish
色：黒

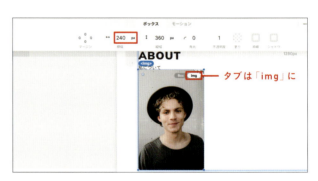

❷ グループ化して横並びにする

画像とテキストを選択し Ctrl + G （Macの場合は ⌘ + G）でグループ化。次に方向を右の画面（┠・→）のようにし、横並びと中央揃えに変更します。

❸ 自己紹介文を追加する

名前のテキストボックスを2つ複製して、プロフィールを入力します。テキストの書式は以下に設定します。

文字間：0.05
行高：2
サイズ：14
フォント：こぶりなゴシックW3
色：黒

3つのテキストをグループ化して、配置・方向メニューで縦並びの左揃え（┠・↓）に。テキストのまとまり同士の余白を空けたいのでギャップを「8」に設定しましょう。次に縦幅を「auto」にします。

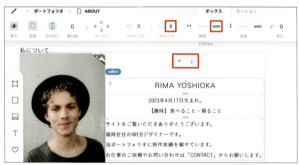

❹ 全体の余白を調整する

「ABOUT」「私について」と「写真と紹介文」の2つのグループをそれぞれ、横幅を「100%」に設定しましょう。次にコンテンツ幅のdivボックスを選択して、中央揃え（┯）に配置します。
最後に画像とテキストのdivボックスを選択して、マージンを「上80」、配置を中央配置の均等配置（┠┤）に設定します。以上でプロフィールが完成しました。

PART 05

写真が自動的にスライドされる！

カルーセル

画像をスライドさせて印象づける

　カルーセルは、画像や動画などのコンテンツをスライド表示させるパーツです。限られたスペースに多くの情報を表示したいときにおすすめです。ただし、スライド形式で情報を見られることにユーザーが気が付かない可能性もあります。スライドを操作するコントロールパネルを配置して、ユーザーが気が付くようにしておきましょう。

　PART05では、上の画面のように、5枚の画像が表示されるカルーセルを設置する方法を説明していきます。

このレッスンのポイント

TIPS　Studioにはカルーセル、チェックボックスなどがテンプレート化されたボックスがあります。ゼロからデザインする必要がないので、ぜひ活用しましょう。

制作手順

STEP 1　カルーセルのボックスを挿入する

❶ カルーセルを挿入する

カルーセルはStudioにすでに用意されているパーツを使って配置します。左パネルを開き追加パネル→［ボックス］をクリック。最下部までスクロールして［Carousel］をsectionボックスの下へドラッグ。
カルーセが挿入されたら、プロフィールとカルーセルの間に余白を入れたいので、カルーセルのマージンを「上120」に設定します。

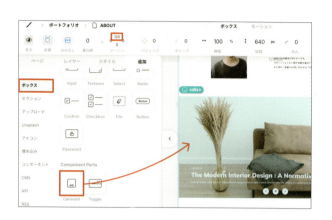

❷ カルーセルの子要素の幅を20%にする

配置したカルーセルは1枚の写真を表示するデザインなので、写真の横幅を調整して、5枚表示させる設定に変更します。
レイヤーパネルで「1 <div>」を選択して、横幅を「20%」に設定すると、写真が5枚表示に変更されます。

❸ カルーセル内の不要な要素を削除する

カルーセルの親ボックス Ⓐ（赤枠部分）をクリック。選択された状態で、レイヤーパネルを上にスクロールします。

カルーセルの親ボックス

右の画面のように、レイヤーパネルにカルーセルのリストが表示されます。このリストでは、カルーセルに表示させるテキストや写真を設定できます。今回、写真のみ表示させるカルーセルにしたいので、［cover］列以外の列を削除します。
列見出しをクリックして、Delete で削除しましょう。

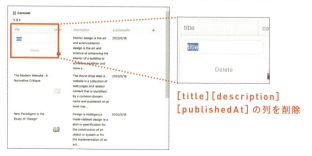

［title］［description］［publishedAt］の列を削除

制作手順

❹ 不要なテキストを削除する

次にカルーセル内に残っているテキストも選択して Delete キーを押して削除します。

❺ カルーセルの高さと間隔を調整する

写真のサイズを横長にして、写真と写真の間に余白を作ります。カルーセルの親ボックスを選択して、ギャップを「24」、縦幅を「180px」に設定します。

STEP2 カルーセルの写真を変更する

❶ 写真を変更する

この段階では、カルーセルには3枚の写真が登録されています。これを5枚登録できるようにします。カルーセルの親ボックスを選択し、左パネルのレイヤーにあるカルーセルリストを表示させます。リスト下部の［+New］をクリックし、行を追加すると写真の登録数が増えます。行を5行にしましょう。
写真の変更は［cover］列に入っている写真をダブルクリックすると変更できます。

ここでは、[Unsplash]からcamera・room・cake・paint・oceanと検索した写真に差し替えをしています。

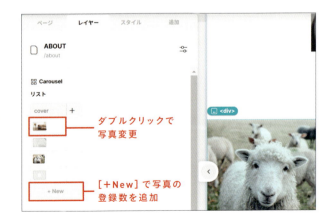

❷写真の順番を入れ替える

カルーセル内の写真の順序を入れ替えたい場合は、リストの行（≡）をドラッグして変更してください。

STEP3 コントロールパネルを調整する

❶画像の下に配置する

コントロールパネルの位置を写真の下に表示されるように調整します。カルーセルの親ボックス❹を選択して縦幅を「240px」に設定します。

次にレイヤーパネルで「2<div>」のボックス❺を選択し、縦幅を「180px」に設定します。するとカルーセル内の画像のサイズがすべて変更されます。

次にスクリーン上でカルーセルの親ボックスを選択し、ダブルクリックすると配置メニューが表示されます。
ボックスの配置メニューで上揃え（⬒）を選択。すると写真ボックスの配置が上揃えになります。

divボックスを選択し、ダブルクリックして配置変更

制作手順

❷ボタンの大きさと色を変更する

次にコントロールパネルにある、3つのボタン（buttonボックス）を複数選択し、[ボックス]タブで色をグレー、横幅・縦幅を「24px」に設定します。

次にボタン内の「＜」「||」「＞」のアイコンを複数選択し、[アイコン]タブで色を「白」、サイズを「16」に設定します。これで、薄いグレーに白いアイコンのボタンが完成しました。

最後にコントロールパネルの親ボックスの縦幅を「auto」にすれば完成です。

STEP4 カルーセルに動きを設定する

❶速さを設定する

カルーセルは自動で画像が横に流れるように設定できます。
カルーセルの動きを設定するため、カルーセルの親ボックスを選択し、右パネルを表示して、以下の設定をしましょう。

自動再生：オン　　送り時間：800
再生間隔：2500　　ホバーで停止：オフ

「再生間隔」はスライドの切り替え間隔、「送り時間」はスライドの流れる速度です。「自動再生」をオフにすると、コントロールパネルでカルーセルを操作できます。「ホバーで停止」をオンにすると、マウスカーソルを置いた際に自動再生が停止します。

❷ カルーセルの
　 イージングを変える

次に動きの緩急を変更します。上パネルにある［モーション］タブの［イージング］で設定します。イージングに表示される図のカーブが水平に近い部分ほど緩やかに、垂直に近い部分ほど早いスピードで動作が再生されます。今回は［ease in］を設定します。
カルーセルの親ボックスを選択し、［ease in］を選択して設定します。

❸ 画像ボックスも
　 イージングを設定する

カルーセル内の画像ボックスもすべて［ease in］に設定しましょう。すべて同じ設定にすることで動き方を統一させます。

> ここまで完成できたらライブプレビューで動作をチェックしてみましょう！

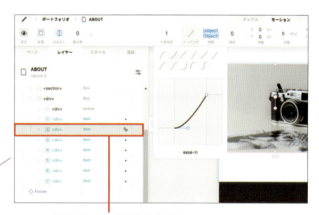

**1つの画像ボックスを設定すれば
全てにイージングが適用されます**

目的に応じたデザインが重要！

カルーセルは、ビジュアル重視のデザインと使いやすさのバランスが重要です。目的に応じて、大胆なデザインやシンプルで情報が整理されたデザインを心がけましょう。カルーセルに関するデザインアイデアについては、CHAPTER06（P.223）でも紹介しています。

PART
06

規則正しいデザインで情報を整理

グリッドレイアウト

Skill

ディレクション力

プロジェクトを成功させるために、クライアントやWeb制作上の課題を把握し、解決に至るまでの最適な技術選定と最適なデザイン提案を行うことができる。また、制作指揮・進行管理を通し、最終成果物に対して責任を持つことができる。

コミュニケーション力

相手の思いや考えを、好奇心を持って聞くことができ、クライアントの「想いをデザインで可視化」できているかを丁寧にすり合わせながら、プロジェクトを円滑に進行できる。

構造・骨格デザイン（情報設計）

クライアントがイメージするゴールを理解した上で、ターゲット像を的確に捉えて、サイトマップやワイヤーフレームの設計ができる。

表層デザイン

クライアントが抱いている理想のイメージと期待値を把握した上で、情報設計を踏襲したビジュアルをもとに、細部までこだわったアウトプットができる。

STUDIOを使ったWEB構築

STUDIOの仕様理解（3.0&CMS）と、SEO対策を考慮したHTMLの実装ができ、保守性・メンテナンス性が高いサイト構築を行うことができる

コンテンツを3カラムの
グリッドに並べてみよう

　グリッドレイアウトは、テキストや写真などを格子状に配置するレイアウト手法のことです。グリッドに沿って要素を配置していくことで、規則性が生まれて情報を見やすく整理できます。

　今回は、上の画像のようにイラストとテキストが入ったボックスで、3カラム×2段のグリッドを作成します。

　このPARTも一度作ったパーツを複製して、効率的よく作成する方法を紹介します。この方法をマスターすると、様々なカラム数のグリッドレイアウトを簡単に作成できるようになります。

このレッスンのポイント

▶ **基本となるコンテンツを作成してグループ化**

▶ **複製を使ってグリッドレイアウトを作成**

▶ **方向メニュー「折り返し」を使って、コンテンツの配置を整理**

TIPS コンテンツのアイコン部分は写真やイラストに変更してもOK！

制作手順

STEP 1 見出し「Skill」を作成して線を引く

❶ ボックスを追加する

まずは、mainボックスの中に新しいボックスを追加します。

横幅：100％
縦幅：任意の高さに設定
パディング：上下80
色：透明
タグ：<section>

次にsectionボックスの上部中央にコンテンツ幅のボックスを挿入します。

横幅：1120px　マージン：左右60
縦幅：任意の高さに設定
色：透明

mainボックスの中にボックスを入れづらい場合、メインボックスの縦幅を「auto」から適当な高さにして入れやすいようにしてください。

❷ 見出しを挿入する

コンテンツ幅のdivボックスにテキストボックスを左上に挿入し、「Skill」と入力。ここでは以下の書式を設定します。

文字間：0.05　　太さ：600
行高：1　　　　色：黒
サイズ：24　　　タグ：<h2>
フォント：Mulish

次にテキストボックスのみを選択して、Ctrl＋Gキーを押してグループ化。そして以下を設定します。テキストボックスをコンテンツ幅に合わせて、またボックスの内側下にだけ余白を作っておきます。

パディング：下16
横幅：100％

制作手順

❸ 見出しに下線を引く

次にエディタ画面上部の[ボックス]タブの枠線をクリック。次に（ ▭ ）をクリックして下辺に「1」と入力します。色は「黒（#322B29）」を選択しましょう。すると、テキストボックスの下辺に❷で設定した余白分を空けて、線が入ります。

STEP 2　アイコン入りの説明文を作成する

❶ アイコンと見出しを挿入する

「Skill」の欄に掲載するアイコン入りの説明文を作成します。左パネルからアイコンボックスをドラッグ。検索ボックスから「Calendar」を検索して変更し、[アイコン]タブで以下に設定します。

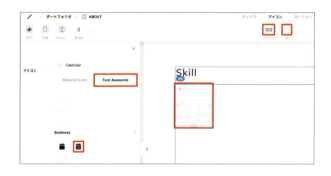

サイズ：100
色：グレー

アイコンの下に小見出し用のテキストボックスを挿入して見出しを入力。ここでは「ディレクション力」と入力します。ここでは、小見出しの書式は以下に設定します。

文字間：0.05
行高：1.4
サイズ：20
フォント：こぶりなゴシック W6
色：黒
タグ：<h3>

120

❷ 説明文を挿入する

上セクションの自己紹介と説明文のスタイルを統一したいので、自己紹介文が入ったテキストボックスをコピー。見出しの下にペーストします。

貼り付けられたら、テキストを変更しましょう。

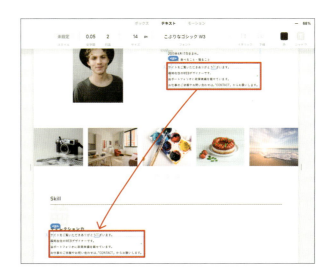

❸ ボックスを
　　グループ化する

アイコン、小見出し、説明文の3つのボックスを選択して Ctrl + G キーを押してグループ化し、以下の項目を設定します。この設定で、間隔や幅、配置を整えます。

ギャップ：16
横幅：33.33%
配置：中央揃え

これでアイコン入りの説明文が完成しました。

> **アイコンを活用して魅力的なデザインに**
>
> アイコンを活用したデザインには、ぱっと見で内容を把握でき、時間や手間をかけず手軽に画面を華やかにできるといったメリットがあります。イラスト素材がない時におすすめです。伝えたい内容に合ったアイコンを探して、魅力的なページを作りましょう。

制作手順

STEP 3　コンテンツを3カラムに並べる

❶ 1段目のコンテンツを複製する

STEP 2の手順❸でグループ化したdivボックスをコピーし、2回ペーストをしてアイコン入り説明文を3つにします。次に3つのボックスを選択して、Shift＋Gキーでグループ化。

ボックスは縦方向にコピーされるため、方向メニューを横方向（→）に変更し横並びにします。

横並びになったら、ギャップを「64」に設定してそれぞれのボックスの間に余白を作ります。

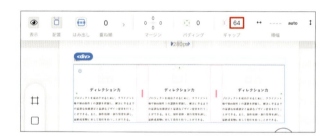

❷ 2段目のコンテンツを複製する

2段目用にSTEP 2の手順❸でグループ化したボックスを2つ複製します。次に5つのコンテストが入ったdivボックスを選択し、方向メニューを折り返し（↵）に変更して折り返します。すると、2つのボックスが2段目に折り返されます。

ここまでできたらsectionボックスとコンテンツ幅用ボックスの縦幅を「auto」に設定して、高さを調整します。これでグリッドレイアウト部分のデザインが完成しました。

(STEP 4) **コンテンツの配置を調整する**

❶ 各コンテンツを変更する

5つのボックスにそれぞれのアイコンとテキストを変更しましょう。

> アイコンは、1段目中央「comment」、右「code」、2段目左「paint」、真ん中「desktop」と検索して表示されるものに変更します。

❷ コンテンツ間の余白を調整する

5つのコンテンツが入っているdivボックスを選択し、[ボックス]タブのギャップメニューにカーソルを合わせ、鍵マーク（🔒）を外します。上下のみギャップを「12」に変更し、コンテストの1段目と2段目の間に余白を整理します。

最後にコンテンツ幅のdivボックスのギャップを「24」にして、見出し下の余白を調整して完成です。

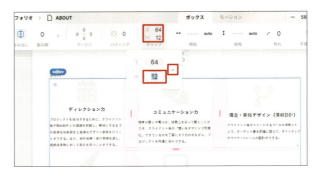

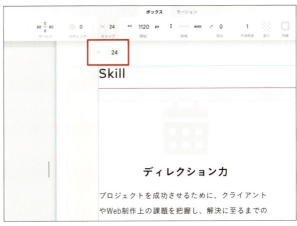

PART 07

テキスト情報を一覧で見せたいときに便利！

テキストの一覧

リスト

「リスト化」を使ってテキスト情報を一覧で見せる方法を紹介します

CONTACT

ABOUTページの最後のCONTACTも配置し、ページを完成させる

リスト機能や既存のボックスを活用して効率的にページを完成させる！

　サイト運営者が使えるツールや、経歴をまとめた「Tool」「Biography」のパーツを作成していきます。このパーツはテキスト情報が細かいので、一覧にして見せていきます。ここではCHAPTER 2 (P.84) でも解説した「リスト化」の機能を使って、効率的よくテキストを一覧のデザインにしていきます。

　CHAPTER02のPART11「レイアウトのリスト化」で解説した画像＋テキストのリスト化とうまく使い分けましょう。

　最後に「CONTACT」のパーツを作ってABOUTページは完成です。

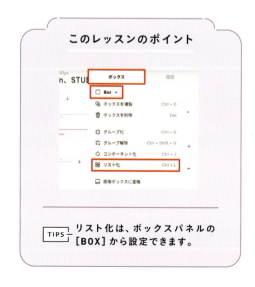

このレッスンのポイント

TIPS リスト化は、ボックスパネルの[BOX]から設定できます。

操作手順

STEP 1 ツールの一覧を入力する

❶ Skillのボックスをコピーする

まずは「Tool」のパーツを作っていきます。PART06で作成した、Skillのコンテンツ幅のボックス（見出しと3カラムのボックス）を選択してコピー。
コピーしたボックスを選択した状態のままペーストすると、Skillのパーツ下にボックスが複製されます。
またレイヤーもSkillのボックスと同じsectionボックス内に格納されています。

❷ テキストを入力する

複製したパーツはコンテンツ幅のボックスと見出しデザインのみを流用していきたいので、PART06で作成したグリッドレイアウトは親ボックスごと削除します。
次に「Skill」の見出しを「Tool」に書き換えます。

最後に見出しの下に新しいテキストボックスを追加します。

テキストは任意の内容を入力して、フォントは「Mulish」、太さは「600」に設定します。

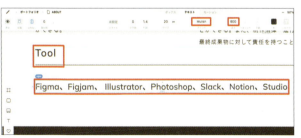

制作手順

STEP2 リスト化を使って経歴の一覧を作成する

❶ Toolのセクションをコピーする

「Biography」のパーツを次に作成していきます。Toolのボックスを選択してコピーし、そのまま貼り付けます。

次にsectionボックスを選択し、ボックス内のパーツ間の余白を調整します。ギャップを「80」に設定しましょう。

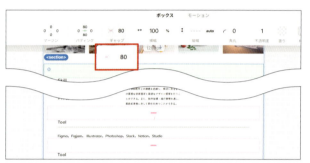

❷ 経歴の1段目を作成する

見出しのテキストを「Biography」に打ち替えます。
次に経歴のテキストパーツを作っていきます。見出し下のテキストボックス内の文字は「19XX年X月」と年月を入力。フォントは以下に設定します。

文字間：0.05
行高：1
サイズ：14
フォント：こぶりなゴシックW6

年月のテキストボックスを複製。フォントを年月より細い「こぶりなゴシックW3」に変更して、経歴を入力します。

次に、年月と経歴を選択してグループ化します。

方向メニューを縦方向から横方向（→）に変更して、ギャップを「32」に設定します。
これで経歴の1段目が完成しました。

❸ リスト化する

手順❷のグループ化したdivボックスを選択した状態で、右パネルを開き、[Box]をクリックして[リスト化]を選択します。

> Windowsの場合は Ctrl + L キー、Macの場合は ⌘ + L キーを押してもリスト化されます。

するとボックスがulボックスになり、テキストボックスがリスト化されました。次にリストの余白を調整します。ulボックスを選択したまま次に余白を調整します。

パディング：0
ギャップ：24

に設定しましょう。

❹ リストを追加して経歴一覧を作成する

ulボックスを選択した状態で、レイヤーパネルを開くと「リスト」という項目が表示されています。リストの表の下にある[＋New]をクリックすると列の追加、リスト内の文字を打ち換えるとテキストが変更できます。経歴のテキスト一覧を入力していきましょう。

リストが完成したら、ulボックスをダブルクリックして、テキストを左揃え（ ⊨ ）にしておきましょう。これで経歴の一覧が完成です。

制作手順

STEP 3　CONTACTを挿入し、ABOUTページを完成させる

❶ トップページの
　 コンテンツをコピーする

ページパネルにある［Home］をクリックしてページを切り替えます。
ページ下部のABOUT・CONTACTのsectionボックスをコピーします。

❷ ABOUTページに
　 貼り付ける

ABOUTページに戻り、SkillやToolが入ったsectionボックスの下に貼り付けます。

今回はCONTACTだけで使用するので、ABOUTのパーツを削除します。

❸ **CONTACTの幅を変更する**

CONTACTのボックスの横幅を「100%」、パディングを「上下88」に変更し、ボックスのサイズ等を調整します。
これで、ABOUTページが完成しました。今一度、誤字脱字がないかなど確認してみましょう。

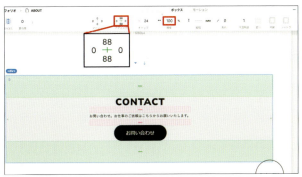

> **なるべくボックスを複製する**
>
> ボックスを複製することには多くのメリットがあります。まず、親ボックス内でそのままコピーできるため、新しいボックスを一から作成する手間が省け、作業効率が向上します。
> また、複製したボックスは元のスタイリング設定を引き継ぐため、横幅やデザインの調整を改めて行う必要がなく、統一感のある仕上がりを簡単に実現できます。

PART 08

サイト訪問者とつながる窓口
問い合わせページ

フォーム
フォームのボックスを挿入するだけで問い合わせフォームの土台ができます。また、デザインの変更が可能です。

プライバシーポリシー同意チェック
フォームに入力された個人情報の取り扱い方法に同意してもらうためのチェックです。内容はあとのPARTで作成するプライバシーポリシーページで解説します。

送信ボタン
メールを送信した後は、次のパートで作成するTHANKSページに遷移します。

問い合わせフォームを設置してデザインを整えるだけで完成！

　CONTACTページは、サイト訪問者が質問や要望を伝えるための窓口です。ポートフォリオサイトでは、このページが仕事の依頼を受け取るための窓口となります。企業サイトでは、連絡先情報を掲載することで、企業の信頼性を高め、顧客からのサポート要求やフィードバックを受け取るための窓口となります。

　Studioには、問い合わせフォームのボックスが用意されています。パーツを組み合わせたり、デザインをアレンジしたりするだけで簡単にカスタマイズできます。

このレッスンのポイント

▶ パーツを使って効率的よく問い合わせフォームを作成する

▶ ボタンなど細かいデザインは他のページと統一させる

TIPS ヘッダーやWebサイト下部に記載している「CONTACT」のページを作っていきます。

操作手順

STEP 1 CONTACTページを作成する

❶ABOUTページを複製する

左パネルのページパネルからABOUTページを表示しておきます。[複製] をクリックしましょう。

❷ページ名とパス名、タイトルを変更する

ABOUTページが複製されました。タブ名を「CONTACT」と入力して、ABOUTページの下に移動します。
次に「CONTACT」にカーソルを合わせて(≅)をクリック。

ページの詳細パネルが表示されました。
パスを「contact」、タイトルを「CONTACT」に変更します。

制作手順

❸ **不要な要素を削除して
テキストを書き換える**

ヘッダー、ページタイトルのボックス、TOPへ戻るボタン、フッター以外は不要なので、それ以外のボックスは右の画面のように、削除します。

ページタイトルを「ABOUT」から「CONTACT」に、下の小見出しは「私について」→「お問い合わせ・ご依頼」に変更します。

❹ **アイコンを変更する**

PART04のSTEP1の❸（P.110）を参考にアイコンを角丸の四角形のアイコンに差し替えます。▲のアイコンを選択します。レイヤーパネルから選択すると、選択しやすいです。
「square」と検索して［Font Awsome］タブをクリックしてアイコン🅐をクリックしましょう。

❺アイコンを調整する

四角形のアイコンを選択した状態で、[モーション] タブをクリックして、回転を「0deg」に設定します。

回転：0deg

次に [アイコン] タブをクリックして、サイズを「210」に設定します。

最後に、[ボックス] タブをクリックして位置を設定しましょう。

上：-125
左：-45

四角形のアイコンのレイヤー位置を確認

四角形のアイコンのiボックスは、ページタイトルのボックスと同じ階層に入っているようにしましょう。

制作手順

STEP2 問い合わせフォームを挿入する

❶ フォームを追加する

ページタイトルのボックスを選択した状態で左パネルの追加パネルを開き、[ボックス]にある[Form1]をクリック。ページタイトルの下にフォームが追加されます。コンテンツ幅のdivボックスを選択をしてフォームが中央に来るように中央配置にしましょう。
なお、フォームボックスは設問の数と種類の違いで3種類あります。

❷ セレクトボックスを追加する

さらに追加パネルから[Select]のパーツを選択し、[Email]の下にドラッグします。

> [Select]は、複数の項目からひとつを選ぶ機能を追加できます。訪問者が求める情報のテーマなどを選択できるようにしておくと、運営側も適切な対応がしやすくなります。

❸ 幅や配置を調整する

[Select]が挿入されました。[Select]のパーツは横幅がデフォルトの「500px」になっているので「100%」に変更しましょう。

> [Select]の項目は、[Select]のボックス(selectボックス)を選択した状態で、右パネルを開き、「オプション」の欄で変更できます。

次に「I agree to the Privacy Policy」の
テキストが入ったボックスを中央に配置し
ます。フォーム全体を選択して、整列位置
を［中央寄せ］(▼)に変更しましょう。

❹ 送信ボタンのスタイルを変更する

フォーム末尾の「Send」のテキストを「送
信する」に打ち替え、書式を以下に設定し
ます。

文字間: 0.05
フォント: こぶりなゴシックW6

次にbuttonボックスを選択して、他ペー
ジのボタンとデザインを統一します。

マージン: 上20
パディング: 上下16／左右48
角丸: 80
塗り: 黒

❺ フォームの上下に余白を入れる

フォームのパーツが入ったformボックス
を選択し、マージンを「上80／下280」に
設定。タイトル・フッターとの間に余白を
作ります。

sectionボックスの縦幅を「auto」にすれ
ば、これでCONTACTページの完成です。
次に送信後に表示されるTHANKSページ
を作成しましょう。

PART 09

メッセージ送信の完了と感謝の気持ちを伝える
THANKSページ/送信設定

問い合わせフォームの送信設定や通知設定も忘れずに！

　このページでは、PART08（P.130）で作った問い合わせフォームの送信ボタンを押した後に表示されるTHANKSページを作成します。

　THANKSページは、お礼のメッセージと問い合わせが正しく完了したことを知らせることで、安心感を提供します。

　またPART09では、問い合わせフォームの通知先メールアドレスの設定なども行います。通知先メールアドレスの設定はフォーム設定画面から簡単に変更・確認できるので事前に設定しましょう。

TIPS フォーム設定画面を開き、通知先などを設定しよう！

操作手順

STEP 1 THANKSページを作成する

❶ CONTACTページを複製する

左パネルのページパネルから、CONTACTページを表示。ページを複製し、以下を設定しましょう。

ページ名：THANKS
パス名：thanks
タイトル：THANKS

ヘッダー、ページタイトルのボックス、フッター以外はTHANKSページでは不要となるので削除しましょう。

❷ テキストを挿入して、グラデーションを設定する

ページタイトルが入ったdivボックスを選択した状態で、テキストボックスをクリックで追加し、「Thank You!」と入力。<p>タグを<h2>タグに変更して、以下の書式に設定します。

文字間：0.08
行高：1.2
サイズ：85
フォント：Mulish
太さ：700

テキストを黒に変更。Ⓐ（　　）をクリックしてグラデーションを設定します。方向は［↓］(180)、色の始点はそのまま黒、Ⓑの終点は不透明度を0に調整してください。

始点を右の画面のように、バーの中央あたりまで移動させ、グラデーションを調整します。

制作手順

❸ 本文を入力する

「Thank You！」の下に新しいテキストボックスを追加し、問い合わせのお礼文を入力します。

今回は「お問い合わせいただきありがとうございました。○営業日以内にご返信いたしますので、お待ちください。」と入力します。

テキストの書式は以下に設定しましょう。

文字間：0.05
行高：2
サイズ：14
フォント：こぶりなゴシックW3
配置：中央配置
マージン：上40

❹ 余白を調整する

「Thank you！」のh2ボックスを選択し、マージン「上：80」を設定、ページタイトルとの間の余白を作ります。

コンテンツ幅のdivボックスを選択し、縦幅を「auto」から「100vh」に変更しましょう。
縦幅100vhに設定したボックスは、閲覧する端末に合わせて自動で縦幅いっぱいの高さになります。これで、THANKSページが完成しました。

※エディタ上では下部に余白ができますが、実際は閲覧端末に合わせて調整されるので問題ありません。

138

STEP 2 CONTACTページのフォームを送信設定する

❶ 送信後のページを選択する

左パネルのページパネルからCONTACTページに移動して、formボックスを選択します。
右パネルを開き、[送信後のページ]をクリックして、先ほど作った[THANKSページ]を選択します。これでフォーム送信後にTHANKSページに遷移されるようになりました。

❷ 通知先を設定する

フォーム全体を選択した状態で、[通知先の設定・集計結果]をクリックするとフォームの管理画面に移ります。この画面で[有効化する]をクリック。

フォーム設定画面が開くので「フォーム通知の送信先」に、問い合わせの通知を受け取りたいメールアドレスを入力してください。「通知メッセージタイトル」の欄は、通知メールの件名の設定です。
入力できたらデザインエディタ画面に戻ります。

❸ ライブプレビューで確認する

ライブプレビューを開いて、フォームをテスト送信してみましょう。
送信後にTHANKSページに遷移するか、先ほど登録したメールアドレスに通知が届いているか確認してください。問題なければ完成です。

PART 10

サイトの信頼のためにも必須！
プライバシーポリシーページ

リッチテキストを使って
長い文章を読みやすくする

　プライバシーポリシーページは、法律で必要とされ、ユーザーのプライバシーを保護するための重要な文書です。

　このPARTでは、リッチテキストボックスを使ってプライバシーポリシーを作成します。リッチテキストは、行ごとに「h1」「h2」などの書式を設定したり、ボックス単位で色やフォントを変更したり、特定のテキストに「太字」「斜体」「リンク」などの装飾ができる便利な機能です。特に文章量が多いページでは、リッチテキストを活用することで見やすく整理されたデザインを実現できます。

操作手順

STEP 1 プライバシーポリシーページを作成する

❶ THANKSページを複製する

ページパネルからTHANKSページを複製します。ページ名・タイトルに「Privacy Policy」、パス名に「privacypolicy」と入力しましょう。

ヘッダー、ページタイトルボックス、TOPへ戻るボタン、ヘッダー・フッター以外は不要なので削除しましょう。

❷ テキストを書き換えて、アイコンを変更する

「CONTACT」を「Privacy Policy」に、「お問い合わせ・ご依頼」を「プライバシーポリシー」に書き換えましょう。

次に、左上のアイコンをダブルクリックして、左パネルを表示。[Font Awesome]タブに切り替え、「circle-info」と検索して出てくるアイコンに差し替えましょう。サイズは「210」のまま変更しません。

❸ リッチテキストを追加する

左パネルの追加パネルを開き、[ボックス]をクリック。[Rich Text]を選択して、ページタイトルのボックスの下までドラッグします。[Rich Text]は、<h2><p>のテキストのセットがデフォルト設定になっています。

制作手順

❹ リッチテキストの設定を変更する

リッチテキストボックスのデフォルトで設定されている余白やサイズを調整しましょう。

マージン：上80
パディング：0
横幅：100%

❺ 文字の書式設定をする

リッチテキストのデフォルト設定を修正していきましょう。
`<h2>``<p>`のマージンを「上下左右：0」に設定します。`<h2>`は見出し、`<p>`は本文です。次にそれぞれのテキストボックスを以下に設定します。

`<h2>`の書式設定
文字間：0.05
行高：2.0
サイズ：24px
フォント：こぶりなゴシックW6
色：黒

`<p>`の書式設定
文字間：0.05
行高：2.0
サイズ：14px
フォント：こぶりなゴシックW3
色：黒

❻ コンテンツ幅のボックスを調整する

THANKSページで100vhに設定していた、コンテンツ幅のdivボックスの縦幅を[auto]に変更します。
さらにマージンを「左右60／下120」に設定しましょう。

142

STEP2 リッチテキストにコンテンツを入力する

❶ 任意のテキストを挿入する

リッチテキスト内を任意の内容に書き換えていきます。リッチテキストをダブルクリックし、左に表示される青い<h2>をクリックすると、テキストの書式を選択できます。見出しを挿入する場合は<h2>を、本文を挿入する場合は<p>を選択して入力しましょう。

❷ 番号付きリストを追加する

番号付きリストを挿入する場合は、<h2>から<ol>を選択してください。改行すると上から順番に番号が振られます。
新たに文章を追加する場合は、改行して［+］を押して書式を選択します。

<ol>の書式設定は、<p>の書式設定と揃えましょう。

❸ 文字のバランスを見て、余白を追加する

テキストの挿入が完了したら、マージンの数値を調整して、余白を追加します。ここでは、<h2>のマージンを「上8」に設定し、上の本文と離して読みやすくしましょう。テキストが入力できれば、ページの完成です。

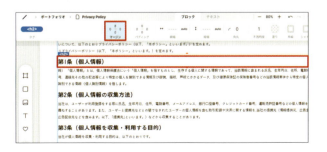

COLUMN

デザインスキルアップに繋がる
デザイン分析

デザインスキルを上げるうえで大事になるのが、アウトプットとインプットの両立です。デザインのクオリティを上げるために日々いろいろなデザインを見て学び、制作に活かします。インプットのひとつとして、gazではデザイン分析会を開催しています。たとえばWebサイト分析の時は、様々なサイトのヘッダーやメインビジュアルなど各パーツのみを集めてレイアウトの研究をしたり、コンセプトをどうデザインに反映させているかなど、サイトを細かく見ていきます。

初学者向けのデザイン分析方法として、「今日は色」「明日はフォント」など、ポイントごとに絞って分析してみるのをおすすめします。最初のうちに全部見ようとすると、"なんかいい感じのデザインだな"で終わってしまったりします。実際に一部だけ参考のデザインをトレースしてみたり、デザインを自分の中で噛み砕く作業をやってみましょう。きっと"いい感じのデザイン"を具体的な言葉を使って言語化できるようになります。少しずつで大丈夫なので、質のいいインプットを重ねていきましょう。

https://communitio.jp/

パーツごとに分析

GOODな点や気付きをメモしよう。文字や色、あしらい、レイアウト、余白など各パーツに分けて細かく見てみよう。デザインツールなどにまとめると振り返りやすい。

お題を決めて分析

コンセプトやテーマ、世界観をどのようにデザインで表現されているか分析。デザイン分析を繰り返して、自分のサイト制作に活かそう！

144

CHAPTER
04

CMSを構築して
記事を作成する

CMSの活用は、日々コンテンツを更新する「実績」や
「ニュース記事」などの管理・更新を楽にする上で
とても役立ちます。StudioのCMS構築は作った
ボックス・ページ同士をリンクさせるシンプルな作業です。
仕組みを学びながら、CMSを完成させよう!

PART 01

誰でも簡単にコンテンツを管理できる仕組み
CMSの基本

CMSとは何か？

　CMSは「コンテンツ・マネジメント・システム」の略で、コンテンツの管理や更新を簡単に行うための仕組みです。StudioのCMSを使えば、初心者でもメディアサイトの運営やブログ記事の発信を気軽に始められます。まずは、CMSの基本を理解していきましょう。

> **CMSに向いているコンテンツ例**
> ・ポートフォリオの実績
> ・ニュースコンテンツ
> ・ブログ記事
> ・インタビュー記事
> ・採用サイトの募集要項

StudioにおけるCMS

CMSの管理画面（CMSダッシュボード）
CMSの管理画面では、サイトで使用するデータベースの項目（例：タイトル、画像、タグ、説明文など）が一覧表示されます。

コンテンツの作成画面
CMSの管理画面からアイテムごとにコンテンツを作成できます。

デザインエディタに紐づけ

CMSでできること

本書では、CMSを活用してポートフォリオの制作実績を作成します。制作実績が増えるたびに、デザインエディタでコンテンツを直接追加するのは手間がかかってしまいます。しかし、CMSを使えば、一度作成したデザインを基に、コンテンツをスムーズに追加できます。また、CMSを活用することで、タグを使って、コンテンツをフィルタリングすることも可能です。

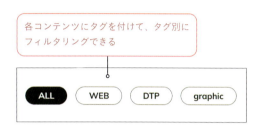

各コンテンツにタグを付けて、タグ別にフィルタリングできる

トップページのWORKS一覧
CMSで作成したアイテムはデザインエディタに反映されます。記事をクリックすると、制作実績の詳細ページを表示できます。

デザインエディタに紐づけ

制作実績の詳細ページ
CMSで作成したコンテンツは、デザインエディタで作業しなくても自動で追加されます。

PART 02

「WORKS」制作実績の詳細ページをCMSでつくろう

CMSモデルの作成

記事モデルのCMSダッシュボード

WORKS一覧を作成するための最初のステップとして、「WORKS」という名のモデルを作成し、CMSダッシュボードを設定していきましょう。

デザインエディタに連携すると

記事モデルを追加して
CMSダッシュボードを作成しよう

　StudioのCMSダッシュボードは、Webサイトのコンテンツを効率的に管理・更新する機能です。CMSダッシュボードは、モデル・アイテム・プロパティで構成されており、それぞれの役割を把握することで、CMSの構造をより深く理解できます。ここでは、制作実績を管理するために記事タイプのモデルを追加します。モデルとは、コンテンツを束ねるグループのことで、4種類のタイプがあります。

　今回は「記事タイプ」を使用し、タイトルや画像など必要な項目を設定して、統一フォーマットで情報を管理できるようにします。

このレッスンのポイント

TIPS モデルタイプは4つ！
詳しくはP.151で解説します。

148

操作手順

❶ CMSのダッシュボードへアクセスする

まずはプロジェクトを開き、上部にある[CMS]をクリック。次に[CMSをはじめる]をクリックしましょう。

> デザインエディタから遷移する場合は左上のプロジェクト名にカーソルを合わせて「CMS」をクリック。

❷ モデルを追加する

[空白からはじめる]を選択し、[CMSをはじめる]のボタンをクリックしてCMSを作成をします。

まずは[モデルを追加する]をクリックし、モデルを作成します。

❸ モデルの名前を入力する

ここではモデル名を「WORKS」と入力。モデルタイプは[記事タイプ]を選択し、[作成する]をクリックします。

記事タイプは、文中にテキストや画像・外部サイトを埋めこむことができるため、ブログやニュースなどの記事を作成するのに適しています。

制作手順

❹ アイテムを追加する

CMSのダッシュボードに［WORKS］モデルが追加されました。右の画面のように「WORKS」の項目を選択した状態で、画面中央にある［アイテムを追加］をクリック。

タイトルの欄に「株式会社〇〇」と入力して Enter キーを押しましょう。

入力できたら［戻る］をクリックして、CMSのダッシュボードの画面に戻ります。

❺ カバー画像を設定する

CMSのダッシュボードに「アイテム」が作成されました。モデルの中に追加していく各コンテンツのことを「アイテム」と呼びます。
アイテム内にあるCover Ⓐ をダブルクリック。トップページに表示させたい、記事のカバー画像を選択してアップロードします。

❻ プロパティの並びを変更する

プロパティの見出しは、自分が使いやすいようにドラッグして、並び順を変更できます。［Slug］をクリックして右端へドラッグしましょう。

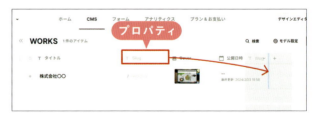

プロパティの見出しが並び変わりました。次のPARTでは、カテゴリータイプのモデルを追加していきます。

> プロパティとはタイトル、カバー写真などアイテム内の各要素を指します。

150

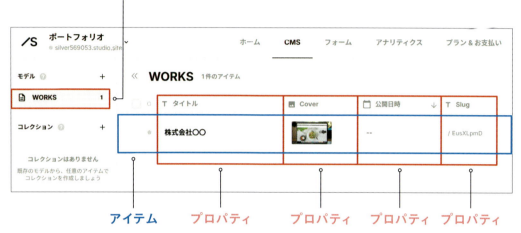

モデルタイプは4種類

モデルには4つのタイプがあり、追加するアイテムの内容に応じて適切なモデルを選択する必要があります。なお、モデル名は後から編集可能ですが、モデルタイプは変更できないので注意してください。

記事タイプ

記事管理に使用。リッチテキスト、画像や外部サイトの埋め込みができる。

ユーザータイプ

アバター画像と名前でメンバーの管理に最適。メンバーリストやメンバー詳細ページなどの作成が行える。

カテゴリータイプ・カスタムタイプ

カテゴリーやタグなどの管理に最適。記事モデルと紐づけて効率的かつ自由にコンテンツを組み合わせられる。

PART 03

アイテムに任意のプロパティをカスタマイズ！
プロパティの追加・編集

WORKSモデルのアイテムにプロパティを追加

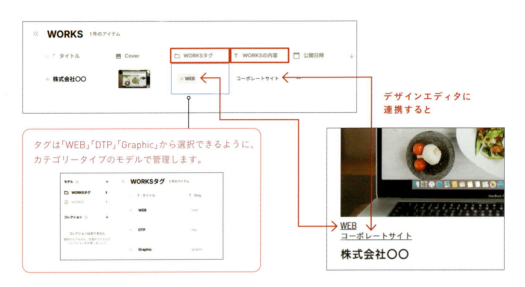

プロパティを追加してカスタマイズ！
CMSを活用して記事のタグを管理しよう

　CMSのプロパティは自由に追加できます。今回は、WORKSのCMSダッシュボードに「WORKSタグ」（制作実績のカテゴリーを示す）と「WORKSの内容」（仕事内容を記載する）の2つのプロパティを追加します。

　「WORKSタグ」は、「WEB」「DTP」「Graphic」などの項目を選択できるようにするために、新たにカテゴリータイプのモデルとして作成し、名前も「WORKSタグ」として追加します。このカテゴリータイプのモデルは、他のモデルのアイテムをカテゴリごとに整理・管理するのに最適です。

このレッスンのポイント

プロパティタイプ / モデルを参照

T テキスト / WORKSタグ
数値 / WORKS
● ブール値
● カラー
● 画像

TIPS プロパティは上記5種の情報のほかに、自分で作ったモデルも参照できる。

操作手順

> **STEP 1** カテゴリータイプのモデルを追加する

❶ モデルを追加する

WORKSのコンテンツ内に、「WEB」「DTP」「Graphic」などのカテゴリーに分けたWORKSタグを挿入したいので、カテゴリータイプのモデルを作成していきます。CMSダッシュボードで［モデルを追加］（ + ）をクリック。

モデル名は「WORKSタグ」と入力。［カテゴリータイプ］を選択し、［作成する］をクリックします。

カテゴリータイプは、アイテムをカテゴリー別に分けたい時に有効です。例えば、記事内にタグを紐づけたいときや今回のように実績ジャンルを分けたいときに使えます。

次の画面で［アイテムを追加］をクリックしましょう。

❷ タグ名を入力する

ここでは新規アイテムのタイトルに表示したいタグ名を入れます。ここでは、「WEB」と入力。Slugを「web」に変更して Enter キーを押します。
続けて他のタグも入力したいので［…］をクリックして［複製］を選択します。

> Slug（スラッグ）は、それぞれのタグや記事に割り当てるIDのようなもので、URL末尾に表示されます。初期値ではランダムな文字列が入っているので、タグの内容や、各記事の内容に合ったわかりやすいものに変更しましょう。

制作手順

❸ タグを追加する

同様の操作で［DTP］と［Graphic］タグも追加します。
複製できたら画面が灰色になっている（ポップアップ表示外の）エリアをクリックして一覧画面に戻ります。

STEP2 プロパティを追加・編集する

❶ 新規プロパティを作成する

WORKSタグに3つのアイテムが追加されたことを確認して、Ⓐ［WORKS］をクリック。前PARTで作成した［WORKS］モデルのCMSダッシュボードに戻ります。

作成したタグをプロパティに追加します。
❶［+］ → ❷［プロパティを追加］→ ❸［WORKSタグ］をクリック。

次に❹［シングルセレクト］を選択して、❺［追加］をクリックします。
シングルセレクトかマルチセレクトかは、後で変更できないので注意してください。

シングルセレクト：リストから1つのアイテムだけを選べる形式。たとえば、「WEB」だけを選択
マルチセレクト：リストから複数のアイテムを選べる形式です。たとえば、「WEB」「DTP」と同時に選択

今回はWORKSタグを使って、WORKS実績をタグごとに絞れるようにしたいので、シングルセレクトを選択しました。

❷ WORKSタグを選択する

WORKSタグがプロパティに追加されました。空白をダブルクリックすると、STEP 2 の手順❶で追加した[WEB][DTP][Graphic]の項目が表示されます。

次に実績に関連するタグを選択するので、ここでは[WEB]を選択します。これで記事にタグ付けが完了です。

❸ プロパティを追加する

次にタグの下に表示させる「仕事内容」のテキストのプロパティを追加します。❶[+]をクリックして、❷[プロパティを追加]をクリック。
❸プロパティ名に「WORKSの内容」と入力し、プロパティタイプは❹[テキスト]を選択します。

[改行なし]が選択されていることを確認して[追加]をクリックしましょう。

> 改行ありの場合はプロパティのテキスト上で改行できますが、今回は短いテキスト入力するため、改行なしを選択しましょう。

❹ プロパティを編集する

[WORKSの内容]プロパティが追加されました。空白をクリックして「コーポレートサイト」と入力します。
これで記事ページを作るのに必要なプロパティが揃いました。最後にプロパティの順番をわかりやすく左から「タイトル」「Cover」「WORKSタグ」「WORKSの内容」「Slug」「公開日時」「最終更新」の順に並べ替えておきましょう。

PART 04　アイテムの詳細を書こう！
記事の編集画面

●CMSダッシュボード　　●編集画面

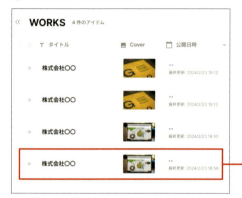

> アイテムごとの詳細ページを作成していきます。

効率よく記事を作成できるのがCMSの醍醐味

　アイテムに必要なプロパティが揃ったら、次に編集画面に移動して記事の詳細を記入していきましょう。1つのアイテムの詳細を入力したら、それをテンプレートとして、効率よく記事を増やしていきます。

　CMSの編集画面は、エディター画面に比べて操作が単純です。StudioやWebの知識がない人でも、簡単に記事の作成や修正ができます。また、複数人での作業もスムーズに進行できるのもCMSのメリットと言えるでしょう。

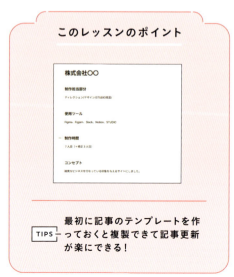

このレッスンのポイント

TIPS　最初に記事のテンプレートを作っておくと複製できて記事更新が楽にできる！

操作手順

STEP 1 記事を作成する

❶ アイテムの詳細画面へ移動する

アイテムのタイトルプロパティ部分をマウスホバーすると表示される（ ⤢ ）をクリックして、アイテムの詳細画面に移動します。

❷ テキストを入力してタグを設定する

アイテムの詳細画面が表示されました。
「制作担当部分」と入力します。

記事内の見出しなので見出しのタグを設定します。[P] をクリックして [H3] を選択。

編集画面では、H2、H3、箇条書きリストなどが選択できます。

> 記事のタイトルがH1です。H1は最上位のタイトルという意味なので、1つしか設定しません。そのため、文章内でH1は使用せず、タイトルの優先度に合わせてH2やH3を使用しましょう。

[Enter] キーまたはその下の行をクリックして、テキストを入力します。
今回は「ディレクション/デザイン/Studio実装」と記載しましょう。ここは文章なので<P>タグのままでOKです。

制作手順

❸ 続けてテキストを入力する

手順❷で、今回は右の画面の文言に沿って、テキストを入力していきます。

「使用ツール」「制作時間」「コンセプト」「こだわりポイント」「リンク」はH3タグを設定。
「こだわりポイント」のテキストは箇条書きリストを設定しておきましょう。

入力し終わったら画面左上の［戻る］をクリックしてCMSダッシュボードに戻ります。

STEP2 アイテムを増やす

❶ WORKSのアイテムを複製する

上記で入力した内容をテンプレートとして、記事を複製していきましょう。

既存の記事を複製してアイテム数を増やす場合は、(︙)をクリックします。

［複製］［削除］と表示されるので、［複製］を選択します。

※既存の記事を流用しない場合は、画面右上の［＋新規追加］をクリックしましょう。

❷内容や画像を変更する

アイテムが複製されたことを確認。今回はあと2つ複製します。

下の画面のように、各プロパティを変更しましょう。

なお、画像を変更する場合はCoverの画像をダブルクリックして、挿入したい画像に差し替えてください。

DESIGN TIPS

地図や動画も埋め込みできる！

ユーザーが読みやすくなるようH1〜H3や箇条書きリストのタグを設定して書式を設定しましょう。
また地図アプリや動画配信サービスで提供しているHTMLの埋め込みコードを「<>コード」に貼り付けすれば、記事内に地図や動画を簡単に表示できます。

PART 05

デザインエディタと連携させよう
CMSとエディタを紐づける

BEFORE

PART04で作成したモデルを紐づけていきましょう!

AFTER

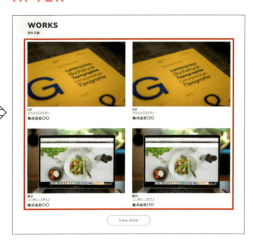

CMSとデザインエディタの紐づけはドラッグするだけ!

　PART04でCMS側の設定が完成したので、次にデザインエディタを表示して紐づけていきます。CHAPTER02のPART11（P.80）で作成したリストに、[WORKS］モデルを紐づける作業です。操作は、プロパティを選択して紐づけたいボックスにドラッグするだけ。

　紐づけが完成した後に、CMS上で記事を増やすと自動でWORKSのリストも増えていきます。

　このPARTの後半では、記事が増えた際に便利な［もっと見るボタン］の作成方法も解説します。

このレッスンのポイント

▶ CMSに紐づけるコンテンツのリスト化を忘れないこと

▶ 表示数の初期値は低めに設定されているので再設定が必要

▶ トップページに表示するコンテンツを制限したい場合は［もっと見る］ボタンを活用

操作手順

STEP 1 デザインエディタのリストにCMSを紐づける

❶ デザインエディタを開いてリストを選択する

デザインエディタのページパネルからHomeページを表示しておきます。
WORKSのリストのボックスを選択しましょう。正しく選択できていると<ul>タグが表示されます。

左パネルのレイヤーパネルを表示して、リストの［データを紐づけ］→［WORKS］を選択します。
この［データの紐づけ］で、CMSで作成したアイテムの情報をデザインに紐づけていきます。

❷ ［Cover］を紐づける

リストの画像ボックスを選択したいので、ulボックスに入っているliボックスを選択。次にレイヤーパネルの［Cover］の右にある丸Ⓐをクリックして、画像ボックスへドラッグ。青い線で［Cover］と画像ボックスが繋がり、CMSで登録した写真が反映されます。

❸ ［WORKSタグ］を紐づける

同様に他の情報も紐づけていきましょう。画像下のテキストを選択。左パネルから［WORKS…］の▼を選択して［DTP］を表示させます。［Title］の●をクリックして、写真の下のテキストにドラッグします。

上段の「(No Data)」が「DTP」と表示されました。
右パネルのボックスタブを開くとテキスト欄にも［WORKSタグ.Title］と表示されています。

制作手順

❹ [WORKSの内容] を紐づける

[WORKSの内容]（イベントフライヤー）の ● を選択して、中段のテキストまでドラッグします。

❺ [Title] を紐づける

[Title]（株式会社〇〇）の ● を選択して、下段のテキストまでドラッグします。

これで、PART03（P.152）で作成したCMSダッシュボードのプロパティをリストに紐づけできました。

STEP2 記事の表示数を4つに指定する

❶ 記事の表示数を変更する

現状、リストが2つしか表示されていないので、CMSで登録したアイテムが全て表示されるように、リストの表示数を変更します。リストのulボックスを選択している状態で、左パネルの表示数を「2」から「4」に変更します。すると4つの記事が表示されます。

STEP 3 [もっと見るボタン] を挿入する

❶ ボタンを追加する

次に記事が4つ以上になったときを想定して、[もっと見るボタン] を記事の下に挿入しましょう。リストを選択している状態で、左パネルのレイヤーパネルの [もっと見るボタン] にをONにします。

[Load more] というボタンが表示されました。デフォルトのデザインなので、サイトのトーン&マナーに合わせたデザインとテキストに変更していきます。

❷ デザインを変更する

テキストボックスの文字を [Load more] から [View more] に変更して、書式を以下に変更します。

文字間：0.05　　**フォント：Mulish**
行高：1　　　　**太さ：600**
サイズ：20　　　**色：黒**

次にbuttonボックスを選択して、サイズを下記に設定します。

パディング：上下16／左右64
横幅：auto
縦幅：auto　　　**塗り：白**
角丸：80　　　　**枠線：1／黒**

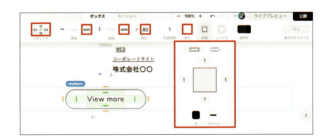

CHAPTER02のPART08（P.68）の手順を参考に、ボタンにホバーアニメーションを設定したら完成です。カーソルを合わせると、ボタンは黒色、文字は白色に変わる仕様にします。

PART 06

ユーザーが使いやすいようにひと工夫
タグのフィルタリング

フィルターをかけていない状態

すべてのWORKSが表示されている

フィルターをかけている状態

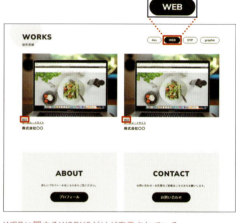

WEBに関するWORKSだけが表示されている

指定したコンテンツのみを表示できるタグを作ってみよう

　CMSダッシュボードに「WORKS」モデルのアイテムを追加すれば、実際のサイトの[WORKS]に表示される記事も増加していきます。そこでフィルターボタンを設置しましょう。条件を絞ってコンテンツを表示できるので、ユーザーにとっても使いやすいサイトになります。

　今回のレッスンでは「ALL」「WEB」「DTP」「Graphic」の4つのボタンを挿入して、フィルターを設定していきます。「ALL」はすべてのコンテンツが表示されている状態なので、フィルター設定は不要です。

このレッスンのポイント

TIPS　フィルターが適用されているボタンだけを黒色にすることで、何が抽出されているのかがひと目でわかる！

操作手順

STEP 1 タグのリストを準備

❶ ボタンを作成する

Homeページを表示して「WORKS」と「制作実績」のgroupボックスの下にテキストボックスを挿入。「All」と入力してボタンのスタイルを設定しましょう。

[テキスト]タブから書式設定
行高：1
サイズ：16
フォント：Mulish
太さ：700
色：白
タグ：<p>

[ボックス]タブからスタイル設定
パディング：上下8／左右24
角丸：80
塗り：黒
枠線：1／黒

❷ ボタンをリスト化する

ボタンを複製して、ボタンを右クリックまたは右パネルから［リスト化］しましょう。一番上にある、最初に作った「All」は、CMSの「WORKSタグ」モデルで管理していないので、リスト化は不要です。

リスト化すると、パディングが自動的に設定されるので「0」に戻しておきましょう。次にパネルを開いて［データ紐づけ］→［WORKSタグ］をクリックします。

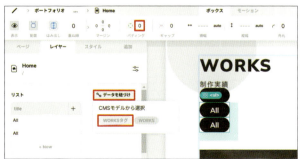

制作手順

❸ 紐づけるプロパティを指定する

ここでは表示数を「10」に設定しておきます。

次にulボックスに入っているliボックスを選択して、左パネルのレイヤーパネルのTitle(WEB)の●を「(No Data)」までドラッグします。「WEB」「DTP」「Graphic」とデータが表示されました。
3つのボタンの文字色は黒、ボックスの塗りは白に設定します。

❹ ボタンの配置を整える

3つのボタンの方向メニューを横並び（→）にして、ギャップを「16」に設定します。

> 方向メニューが表示されないときは、ulボックスをダブルクリックしましょう。

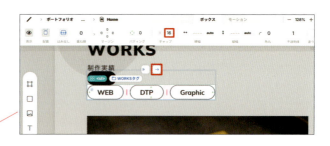

次に「All」と3つのボタンをグループ化して、こちらも横並び（→）、ギャップを「16」に設定します。これで、ボタンが均等に配置されました。
※グループ化は [Ctrl]+[G]キーを押します（Macの場合は[⌘]+[G]キー）。

「WORKS」「制作実績」のグループと、4つのボタンのグループをグループ化。
ボックスの横幅も100%にしておきます。

方向メニューを横並び（→）に変更して、配置を均等配分（|・|）に設定します。2つのグループのボックスがそれぞれ両端中央に配置されました。

166

STEP 2　動的なページを準備する

❶ 動的ページを新規作成する

左パネルのページパネルを開き、[追加] をクリック。

[動的ページ] をクリック。動的ページが表示されない場合は「>」をクリックしてください。

今回は、CMSモデルの「WORKSタグ」に紐づいたWORKS一覧ページを作成するので [WORKSタグ] を選択して [作成] をクリックします。

動的ページとは、CMSとデータ連携して自動更新されるページのことです。

❷ トップページのデザインをコピーする

ここからフィルタリングした状態のページをデザインしていきます。まず「WEB」と書かれたボックスは不要なので削除します。次にページパネルにある [Home] をクリックして、ページを切り替えます。

Homeページのレイヤーパネルから「◇Header」「<main>#top」「◇Footer」を選択して、そのまま Ctrl + C キー（Macの場合は ⌘ + C キー）を押してコピーしましょう。

3つのレイヤーを選択してコピー

制作手順

❸ 貼り付けたボックスを調整する

CMS-WORKSタグページに戻り、コピーしたレイヤーを貼り付け。メインビジュアルのsectionボックスは削除して、mainボックスのパディングを「上140」に設定します。
ページパネルの「CMS-WORKSタグ」にカーソルを合わせてアイコン（ ）をクリック。

次にパスに「works_tag」と入力します。パスとは、URL内で特定のページの場所を指定する部分です。

❹ ページタイトルとCMSを連携

リストのulボックスを選択。レイヤーパネルのリストから、フィルターに［WORKSタグ］、フィルター条件に［WEB Dynamic］を選択します。
タグ別に記事を出し分けできるようになりました。

❺ ボタンにリンクを設定する

次に［ALL］のボタンのボックスを選択して、右パネルのリンクから［Home /#works］を選択します。

［WEB］のボタンを選択して、右パネルのリンクから［CMS-WORKSタグ］を選択します。
［WEB］の1つのリンク先を設定することで、［DTP］［Graphic］のリンクも設定されます。

168

❻選択中のボタンの
　デザインを変更する

リストの［WEB］ボタン（aボックス）を選択して［条件付きスタイル］を［なし］→［現在のページ］と［下層ページも含む］を選択しましょう。
［WEB］の文字を白、塗りを黒に変更しておきます。

次に［All］ボタンを選択して、［条件付きスタイル］は［現在のページ］と［下層ページも含む］を選択。文字を黒、背景を白に設定します。

ライブプレビューで正しく操作するか確認しておきましょう。［DTP］をクリックしたときに下の画面のように動作したら成功です。

❼トップページの各タグに
　リンクを設定する

左パネルのページパネルからトップページ［Home］に戻ります。右パネルを開き、各タグボタンに以下の設定をしましょう。
［ALL］は［#works］を選択。

［WEB］は［CMS WORKSタグ］を選択すれば他リストにも反映されます。ライブプレビューで正しく動作されるかも確認しましょう。

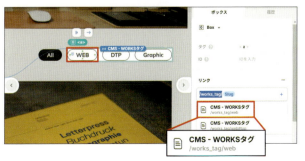

PART 07

コンテンツの表示ページを作成・連携すれば完成！

CMSアイテム詳細ページの作成

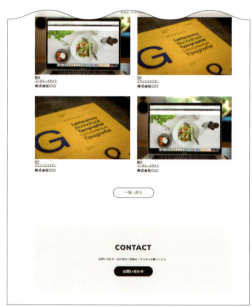

CMSで作成したアイテムをデザインエディタで連携・スタイリングしよう

　CHAPTER04では、CMSを使うことで実績やブログ記事、製品など個別情報を簡単に更新できることを解説しました。ここでは、CMSで作成したアイテムの詳細ページ、つまりサイト内コンテンツをクリックした際の遷移先ページを作成します。

　ここでは、PART02〜06で準備したCMSの遷移先ページにあたる「WORKS詳細」ページを作成し、CMSダッシュボード内のアイテム（制作実績）と連携し、スタイリングまで進めていきます。少し長いステップですが仕上げていきましょう。

このレッスンのポイント

▶ まずどんなプロパティがあるか把握

▶ OGPやタイトルなどのページ設定も忘れずに

▶ 本文（リッチテキスト）では見出し・リスト・画像・リンク・引用など最低限使う予定のものは全てスタイリングしておく

操作手順

STEP 1　アイテム詳細ページを準備する

❶WORKSタグ一覧ページを複製する

ページパネルから［CMS-WORKSタグ］を選択して、［複製］をクリックします。

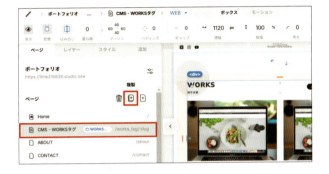

［CMS-WORKSタグ copy］ができました。以下のボックスは不要なので削除しておきましょう。
・CHAPTER04で作成したフィルタリング用のボタン
・WORKS一覧のulボックス
・ABOUTとCONTACTのsectionボックス

❷CMSモデルを変更して名前とパスを設定する

［CMS-WORKSタグ copy］のレイヤーパネルをクリックして、CMS Modelを［WORKSタグ］から［WORKS］に変更します。

ページパネルの「CMS-WORKSタグ copy」にカーソルを合わせて、 をクリックしてページ管理画面を表示します。

名前を「CMS - WORKS詳細ページ」にして、パスを「works」に変更します。

操作手順

❸ ページタイトルを CMSと連携する

続いて、[タイトル]の部分をクリックすると、＋のアイコンが表示されます。そのアイコンをクリックして[Title]を選択しましょう。

❹ CMS記事のOGP設定を追加

最後に「カバー画像」のプロパティを選択下の「cover」を選択します。この設定で各アイテムのカバー画像がOGPに反映されます。

> OGPとは「Open Graph Protcol」の略で、ソーシャルメディアでアイテムのURLを貼った際に表示される画像のことです。

❺ カバー画像を設置する

左パネルから画像ボックスをドラッグして、「WORKS」と「制作実績」が入っているgroupボックスの下に挿入します（コンテンツ幅のdivボックス内に挿入）。

imageボックスは、[Box]から[img]に変更して、マージンを「上80」、横幅を「100％」に変更しましょう。

❻ カバー画像とCMSを連携する

右パネルの「画像のURLを入力」の部分をクリックして[Cover]を選択。レイヤーパネルを開いてCoverの●をimgボックスにドラッグする方法でも可能です。

❼ タグ・WORKSの内容・タイトルを配置する

テキストボックスを3つ追加して、CMSに紐づけましょう。

上段: WORKSタグ内のTitle（DTP）
中段: Title（株式会社〇〇）
下段: WORKSの内容（イベントフライヤー）

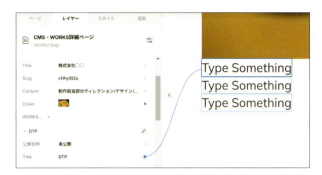

次に、3段すべてに文字間「0.05」、行間「1」、色「黒」に設定して、各段に以下の書式を設定します。

上段（DTP）▼
サイズ: 14
フォント: Mulish
下線: あり

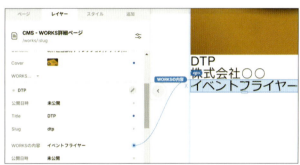

中段（株式会社〇〇）▼
サイズ: 24
フォント: こぶりなゴシックW6

下段（イベントフライヤー）▼
サイズ: 14
フォント: こぶりなゴシックW3

3つのテキストをグループ化して、マージン「上48」、ギャップ「8」に設定しましょう。

STEP2　本文箇所をスタイリングして、CMS連携する

❶ リッチテキストを追加する

左パネルの追加ボックスから「RichText」をドラッグして、先ほど作ったグループ化したボックスの下に挿入します。

操作手順

❷ リッチテキストと CMSを連携する

リッチテキストを選択して、右パネルの［データを紐付け］をクリックして［Content］を選択します。
CMS管理画面で作成した記事の中身を表示できました。

タグごとに書式を設定します。
<h3>タグ（見出し）
文字間：0.05
行間：1
サイズ：20px
フォント：こぶりなゴシックW6
色：黒

<p>タグ（本文）
文字間：0.05
行間：2
サイズ：14px
フォント：こぶりなゴシックW3
色：黒
マージン：上下8

<ul>タグ（箇条書き部分）
文字間：0
行間：1.4
サイズ：16px
フォント：こぶりなゴシックW3
色：黒
マージン：上8／左20

マージンは［ブロック］タブから調整できます。

❸ 余白を調整する

ボックスの間に余白を入れたいので、リッチテキストのdivボックスのマージン「上32」、パディングを全て「0」に設定しましょう。

❹ 記事部分をグループ化して配置を調整する

レイヤーパネルでimageボックスからリッチテキストのdivボックスまでを Shift キーを押しながら選択。 Ctrl + G キー（Macの場合は ⌘ + G キー）を押してグループ化します。

グループ化したボックスの横幅を「980px」に設定して横幅を調整します。

コンテンツ幅のdivボックスを選択して配置を中央上揃え（ ）に設定しましょう。これでWORKSの詳細が完成しました。

ページパネルから［Home］ に戻り、WORKS一覧のリスト内のliボックスを選択し、WORKSの詳細ページのリンクを設定します。

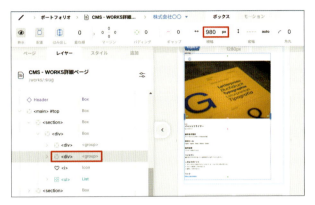

STEP 3 ページ下部のその他の実績欄を設置する

❶ ABOUTページからコピーする

Aboutページからタイトル部分（Toolと下線部）の要素をコピーしてください。

❷ 記事のグループボックスの下にペーストする

CMS-WORKS詳細ページに切り替えて、グループボックスのテキストの下に貼り付けます。テキストを「Tool」から「Other Works」に変更しましょう。

操作手順

❸ **トップページからWORKS リストをコピーする**

左パネルからページパネルをクリックして、Homeを選択。次にレイヤーパネルをクリックして、WORKSの<ul>ボックスをコピーします。

❹ **タイトルの下に ペーストする**

CMS-WORKS詳細ページに切り替えて、先ほど挿入した「Other Works」の下に貼り付けます。

「Other Works」とWORKSリストをグループ化したらボックスの横幅を「100％」にし、マージンを「上80」に設定します。

> STEP 4　一覧へ戻るボタンを設置する

❶ **WORKSリストの下に ボタンを作成する**

WORKSリストを選択し、レイヤーパネルから「もっと見る」ボタンをオフにします。次にWORKSリストの下にテキストボックスを追加して、「一覧へ戻る」と入力。書式を以下のように設定します。

文字間：0　行間：1　サイズ：20
フォント：こぶりなゴジックW3
色：黒

次に、ボタンをデザインをしていきます。

パディング：上下16／左右64
角丸：80　マージン：上40
枠線：1／黒

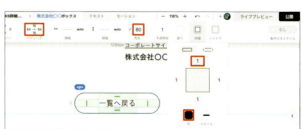

176

❷ホバーアニメーションを付けてリンクを設定する

CHAPTER02のPART08（P.68）を参考に、[一覧へ戻る]ボタンにホバーアニメーションを設定しましょう。ここでもボタンのテキストは白、塗りは黒に設定します。

[一覧へ戻る]ボタンのテキストボックスを選択して、右パネルを開きます。リンク先をHomeの[/#works]に設定します。ライブプレビューでボタンをクリックすると、トップページのWORKS一覧に戻るか確認しましょう。

STEP 5　CONTACTを挿入する

❶ABOUTページにあるCONTACT部分をコンポーネント化する

ABOUTページを開きます。CONTACTのsectionボックスを選択した状態で、右クリックして[コンポーネント化]をクリックします。

❷コンポーネント作成して挿入する

ここでは名前を「CONTACT」にして、[コンポーネントを作成]をクリックします。

作成したコンポーネントをコピーして、CMS-WORKS詳細ページに切り替えたらsectionボックスの下に貼り付けます。CMSのアイテム詳細ページが完成です。

COLUMN

共同でサイト制作ができる！コラボレーション機能

　Studioは複数人でひとつのサイトを共同で編集できます。方法は簡単で、プロジェクトにメンバーを招待するだけ。画面上でメンバーの操作状況がリアルタイムで確認できるのでコラボレーション感があり、うれしいポイントです。また、Studioのプレビュー機能はサイトをブラウザでリアルタイムに閲覧できます。エディタで修正した箇所は瞬時に更新され、デザインの修正依頼→修正→更新確認のすべてを会議内で完了させることができます。さらにコメント機能を使えばStudio内でチームメンバーとのやり取りを完結できるなど、他のコミュニケーションツールを介さず、チームにうれしい機能がたくさんあるのもStudioの良さです。

　その他にStudioはメディアサイトを制作する場合にとても便利です。StudioのCMS記事作成は操作が簡単で、デザイナーやエンジニアに限らず誰でも作成できる仕様になっています。そのためデザイナーが実装途中でもCMSページを先に制作しておけば、ライターは記事の作成作業が可能です。制作の段階から記事作成を行うことでスムーズなプロジェクト進行により公開スケジュールを早められます。

メンバーを招待
プロジェクトに複数人招待して共同編集ができる。役割に応じて権限を設定すればエラーを防げる。後でメンバー追加や権限変更も可能。

リアルタイム共同編集
同時にエディタに入って編集可能。誰がどこのボックスを選択しているかアイコンと枠で表示される。

コメント機能
ボックス単位でコメントを付けられ、細かい伝達もできる。Studioのみでやり取りが完結する。

CHAPTER 05

完成したサイトを公開しよう

サイト公開はもう目の前です。
リンク設定やレスポンシブ対応を行ない、
動作確認を行えば、いよいよ完成。
しかも、無料プランでも簡単に公開できるのが
Studioならではの魅力です。

PART 01

直感的に閲覧しやすいWebサイトへ最終調整！

公開するまでの流れ

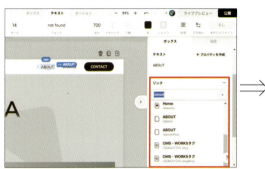

STEP 1

リンクを設定

サイト内やサイト外に遷移できるようにリンクを設定します。
→PART02（P.182）

STEP 2

レスポンシブデザインに対応

タブレットやスマートフォンの環境でも見やすいように、表示サイズを切り替えながらデザインを調整していきます。
→PART03（P.186）

最終段階で操作性をチェックして、ユーザビリティを向上させる

　ユーザビリティ（usability）とは、主にWebサイトやアプリの操作性に対して使用される言葉で「使いやすさ」を意味します。ユーザビリティが高いとは、ユーザーが簡単にストレスなく操作できることを指します。たとえば、パソコンだけではなくスマートフォンで見ても操作しやすいかなども大切な観点です。
　CHAPTER05では、公開手順とサイトのユーザビリティを向上させるためのテクニックを紹介します。

このレッスンのポイント

TIPS レスポンシブデザインに対応しないとサイトのデザインが崩れてしまう…！

180

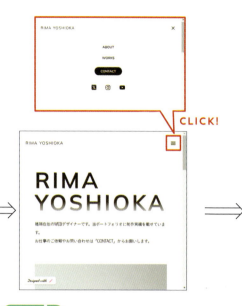

CLICK!

STEP 3

ハンバーガーメニューの作成

スマートフォンやタブレットでは、ハンバーガーメニューが表示されるようにします。
→PART04(P.200)

STEP 4

デバイスごとに動作検証

ライブプレビューに切り替えて、動作検証します。
→PART05(P.206)

STEP 5

公開設定・URL設定

タイトル、説明文、ファビコン、カバー画像を設定します。最後にURLを決めて、[公開] をクリックしましょう。
→PART05(P.206)

公開!!!

サイトが全世界に公開されました。

CHAPTER 05 | サイト公開

PART 02

サイトを回遊できるようにリンクを設定しよう！
リンクの設定

外部リンク
SNSのアイコンに外部リンクを設定。

サイト内のページにリンク
ABOUTやCONTACTのページに遷移する設定。

ページ内のセクションにリンク
「WORKS」をクリックすると、トップページ内のWORKSに遷移する設定。

リンクはユーザーがサイト内を効率的に移動するための重要な要素

　すべてのページのデザインが完了したら、リンクを設定しましょう。リンクはサイト内を効率的に回遊できたり、SNSなど関連する外部サイトへの導線になったりします。リンクを張りたいボックスを選択し、ボックスパネルからリンクを設定します。リンクの張り忘れや誤った場所への遷移は、ユーザーを混乱させることがあるので注意しましょう。ミスを防止するために、ページデザイン後にまとめてリンク設定するのがおすすめです。

　リンクを張った後は必ずライブプレビューを表示して、正しく遷移するか確認しましょう。まずはトップページからリンク設定していきます。

このレッスンのポイント

▶ 右パネルからリンクを設定する

▶ ページ内リンクの設定はIDを忘れずに入力しよう

▶ 外部サイトへの遷移は、新規タブで開く設定にする

TIPS リンクの設定が完了したら、遷移先が間違ってないかライブプレビューで確認。

操作手順

STEP 1 ページ内のリンクを設定する

❶遷移先のセクションにIDが設定されているか確認

トップページのヘッダー内にある「WORKS」をクリックすると、ページ内の「WORKS」に自動スクロールするよう設定します。
まずトップページの「WORKS」のsectionボックスに「works」というIDを設定されているか確認します。右パネルを開いて確認しましょう。

❷ヘッダーの「WORKS」を選択する

左パネルのレイヤーパネルを開いて、ヘッダー内の「WORKS」のテキストを選択します。このとき、最下層の<p>タグを選択しましょう。

❸スクロール先のセクションを指定する

右パネルの「リンク」にある「+」のボタンをクリックします。

次に遷移先を指定します。手順❶で確認したIDを選択したいので「Home/#works」をクリックします。これで設定が完了しました。
同様に、他に必要な箇所にもリンクを設定しましょう。

操作手順

STEP 2 サイト内の他ページへのリンクを設定する

❶ ヘッダーの「ABOUT」を選択する

左パネルのレイヤーパネルを開いて、ヘッダーナビゲーション内の「ABOUT」のテキストを選択します。STEP1同様に、最下層の<p>タグを選択してください。

❷ 遷移先のページを指定する

ボックスパネルのリンク右側の［＋］をクリックし、「ABOUT /about」を選択します。これでヘッダーの「ABOUT」をクリックすると、ABOUTページへ遷移します。

❸ ヘッダーの「CONTACT」ボタンを選択する

レイヤーパネルを開いて「CONTACT」のボタンを選択します。ここはボタンになっているので、テキストではなくボタンのオブジェクト（<li>ボックス）を選択するようにします。

❹ 遷移先のページを指定する

ボックスパネルのリンク右側の［＋］をクリックし、「CONTACT」を選択します。ヘッダーの「CONTACT/contact」をクリックすると、CONTACTページへ遷移します。

STEP 3　外部サイトへのリンクを設定する

❶ ヘッダーのソーシャルアイコンを選択する

まずはヘッダー左端の「X」のアイコンを選択します。前回同様に、レイヤーパネルを開いて、アイコンの最下層<i>タグを選択しましょう。

❷ 遷移先のURLを指定する

ボックスパネルのリンク右側の［+］をクリックし、遷移させたいサイトのURLを貼り付けます。
例：https://x.com/gaz_inc

［新規タブで開く］がONになっていることを確認。外部リンクを設定するときは、Webサイトに戻りやすいように［新規タブで開く］をONにしておくといいでしょう。

続けて上の手順同様に、右2つのアイコンにもURLを指定して完成です。これでヘッダー内の設定が完了しました。同様に、他に必要な箇所（CTAやCMSアイテム）にもリンクを設定しましょう。

電話発信用リンクも設定できる！

パソコンは無効ですがスマホであれば、電話発信用のリンクを設定するとユーザーは電話番号を手動入力せず、ワンタップで発信できます。設定手順は簡単です。まず、ボックスパネルを開き、リンク欄に「tel:」と電話番号を入力します（例：tel:0312345678、ハイフン省略可）。

PART 03

デザインが崩れていないかチェック！
レスポンシブの調整

パソコン　　タブレット　　モバイル

パソコン・タブレット・スマートフォン どのデバイスで見ても美しいデザインを！

　レスポンシブデザインは、各デバイスや画面サイズに応じてレイアウトやコンテンツを見やすく最適化するデザイン手法です。必ず公開前に、どの画面で見てもデザインが崩れていないかチェックしましょう。

　Studioのレスポンシブ設定は、ブレイクポイント（右図参照）を利用して画面幅ごとにデザインを調整する仕様です。まず、[基準]サイズでデザインを作成し、それを元に、設定された各ブレイクポイントに応じて小さな画面サイズ用の調整を段階的に行います。この仕組みにより、デバイスごとに最適化されたレイアウトが実現可能です。

このレッスンのポイント

たとえば、iPhone 12のブレイクポイントはここ！

TIPS　Studioにおけるブレイクポイントとは、レスポンシブデザインを設定する際の画面幅の区切りポイントのこと。

[レスポンシブ] タブを表示しよう

ブレイクポイントとして[基準][タブレット][モバイル]のボタンがあり、画面幅ごとにデザイン調整できる

横幅のサイズが表示される

セクションやボックスを選択中は[レスポンシブ]タブが表示されない。エリア外（グレーの部分）をクリックすると選択を解除できる

レスポンシブ設定のおおまかな流れ

STEP 1
[基準] サイズ
ブレイクポイントの[基準]を選び、基本となるレイアウトやデザインを調整します。

STEP 2
[タブレット] サイズ
次に[タブレット]に切り替えて、大きすぎるテキストや、変な箇所で折り返されてしまうテキストのフォントサイズ、画像サイズ、余白を調整します。

STEP 3
[モバイル] サイズ
最後に[モバイル]に切り替えて、前のSTEP同様にデザインやレイアウトを調整していきます。

主なレスポンシブ対応項目

\POINT/
01 余白の調整

マージン
マージンはボックス外側の余白で、主に隣接するボックス間の調整に使います。エディタ上ではオレンジで表示され、数値入力やまたは、ボックス外側に表示されるバーをドラッグして設定します。

パディング
パディングはボックス内に付ける余白で、ボックス内部の調整に使用します。エディタ上ではグリーンで表示され、数値入力または、ボックス内側のバーをドラッグして設定します。

ギャップ
ギャップはボックス間の余白を均等に一括設定する機能です。エディタ上ではピンクで表示され、数値入力または、ボックス間に表示されるバーをドラッグして設定します。

\POINT/
02 テキストサイズの調整

デバイス画面に合わせてテキストサイズを調整します。大きすぎたり小さすぎると読みにくくなるため、ライブプレビューを使って各デバイスで確認しましょう。

\POINT/
03 縦幅の調整は基本「auto」

ボックスの縦幅は基本的に「auto」に設定します。これにより、デバイスのサイズ変更やボックスの追加・削除時にもデザインが崩れにくくなります。

\POINT/
04 横幅は「%」で設定

ボックスの横幅は「%」で設定しましょう。「px」を使用するとレスポンシブ時に崩れる原因となります。たとえば、ブレイクポイント「基準」で横幅50%のボックスを「モバイル」では100%に変更する、といった調整が可能です。

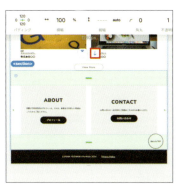

\POINT/
05 ボックスの方向・配置を調整

ボックスの並び方向や配置を調整します。特にリストや同じ要素が並ぶ場合、また画像とテキストが含まれるgroupボックスでは細かな調整が必要です。

覚えておくと便利なTIPS

レスポンシブは、切り替わり直前のサイズで行う
ボックスを選択していない状態でスクリーンの境界線にカーソルを合わせると、(⟷)が表示され、スライド操作でブレイクポイントを切り替えられます。レスポンシブ設定は「基準」からより狭いサイズへ段階的に進めデザインの崩れを確認しながら調整するのが重要です。特に、切り替わる直前のサイズで設定すると崩れにくくなります。

レスポンシブは、ブレイクポイントごとに設定・解除可能
レスポンシブ設定を行うと、タブレットはグリーン、モバイルはオレンジなど、調整した箇所が色分けされて表示されます。各設定項目の右上にある(×)ボタンをクリックすることで、その設定を解除できます。

表示・非表示を活用してデバイスごとに調整
ブレイクポイントごとにデザインの大幅な変更やボックスの追加・削除はNGです。すべてのデバイスで共通の仕様となります。そこで、表示・非表示設定を活用し、ブレイクポイントごとにコンテンツを出し分けましょう。タブレットやモバイルで設定するハンバーガーメニューについては、PART04で解説します。

操作手順

STEP 1 [基準] サイズの画面で調整する

（準備）ブレイクポイントを切り替える

まずはトップページから調整します。ボックスの左右いずれかの縁にカーソル（⇔）を合わせて、ブレイクポイントを[基準]から[タブレット]の方向へ動かします。このとき、[タブレット]に切り替わる手前の[基準]で止めて（ここでは850px）、デザインの調整を行います。

❶ ボックスに余白を設定する

メインタイトルのsectionボックス内のdivボックスを選択して、マージンを「左右60」に指定します。その他のコンテンツ幅のボックスにも余白を付けているか確認しましょう。

❷ ABOUTとCONTACTのボックスの高さを揃える

横幅が狭くなったとき、ボックスの要素の量によって縦幅が変わることがあるので、高さがあるボックスにサイズを揃えます。

ABOUTとCONTACTを含んでいるdivボックスを選択して、配置を両端揃え[||]に変更。要素の高さが親要素の高さに合わせて自動的に伸びるようになります。

❸フッターを調整する

フッター内のテキストが内包されているdivボックスを選択して、マージンを「左右60」と指定。コンポーネント化しているため、他のページにも反映されます。ここまでできたら同様に、下層ページもマージンを設定して余白を調整しましょう。

❹下層ページも調整する

同様に下層ページもレスポンシブを設定しましょう。基本的にトップページと数値や設定を揃えます。

- ✓ マージン、パディング、ギャップで余白を調整
- ✓ テキストの配置とサイズを調整
- ✓ 縦幅・横幅を調整
- ✓ 方向・配置を調整

> このPARTでは細かく数値を調整していきますが、必ずしもこの数値にこだわる必要はありません。自分が見やすい感覚で調整してもOKです！

STEP 2 ［タブレット］サイズの画面で調整する

（準備）ブレイクポイントを切り替える

ボックスの縁にカーソル（↔）を合わせて、ブレイクポイントを［モバイル］の方向へ動かし、［モバイル］に切り替わる手前の［タブレット］で止めて（ここでは550px）、デザインの調整を行います。

操作手順

❶ コンテンツ幅のボックスの横幅と余白を設定する

3つのsectionボックスの下層にあるコンテンツ幅の横幅とマージンを変更します。1番目のsectionボックス内のdivボックスを選択して、横幅を「100％」、マージンを「左右40」に変更。

2番目のsectionボックス（#works）の下層のdivボックスを選択して、横幅を「100％」、マージンを「左右40」に変更。

最後に3番目のsectionボックスの下層のdivボックス を選択して、横幅を「100％」、マージンを「左右40」に変更。これでこの後に設定するモバイルのレスポンシブ対応も編集しやすくなります。

❷ h1テキストのサイズを調整する

「RIMA YOSHIOKA」のテキストを2行に収めるため、サイズを「72px」に変更します。

❸ あしらいを調整する

▲のアイコンを選択して、[アイコン] タブからサイズを「500」に設定。次に [ボックス] タブから位置を「上0／右-60」に変更しましょう。

192

❹ **フィルターボタンを
画面内に収める**

フィルターボタンが画面からはみ出ないように、ボタンの入ったグループのdivボックスを選択して、横幅を「1flex」に設定します。方向メニューを折り返し🔁に、配置メニューを中央右揃え→に設定します。ギャップも「8」に変更しましょう。思い通りに折り返せない場合、groupボックスが選択されていない可能性があります。レイヤーパネルから該当のボックスを選択してみましょう。

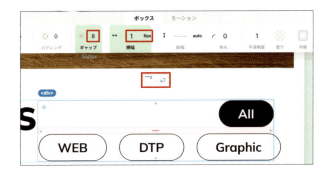

flex（フレックス）とは、ボックスの横幅を親要素内で柔軟に分割する単位です。子要素に「1flex」と設定すると、他の子要素のflex値に応じて親要素内の幅が割り当てられます。

次にulボックスを選択して、ギャップを「8」に変更しましょう。

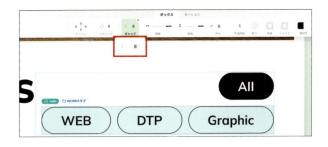

❺ **WORKSのリストを
調整する**

WORKSのsectionボックス内のulボックス（制作実績のリスト）を選択して、ギャップを「40」から「24」に変更します。

次に、リスト内の画像が縦長になっているので、リストのいずれかの画像ボックスを選択して縦幅を「350px」から「200px」に変更します。他のリストも合わせて調整されました。

リスト内の画像が選択しにくいときは、レイヤーパネルから選択しましょう。

❻ ABOUTとCONTACTを縦並びに調整する

ABOUTとCONTACTの2つのボックスが入っているdivボックスのギャップを「40」から「24」に変更。

縦並びにするので方向メニューを下方向（↓）に変更します。

ABOUTとCONTACTの各ボックスの横幅を「50%」から「100%」に変更するとレイアウトが整います。

> タブレットの縦画面やモバイルの画面で閲覧する場合、リストや複数の類似したボックスは縦並びにすると見やすいです。

❼ 下層ページも調整する

同様に下層ページもレスポンシブを設定しましょう。基本的にトップページと数値や設定を揃えます。

- ✓ マージン、パディング、ギャップで余白を調整
- ✓ テキストの配置とサイズを調整
- ✓ 縦幅・横幅を調整
- ✓ 方向・配置を調整。

STEP 3　[モバイル] サイズの画面で調整する

（準備）ブレイクポイントを切り替える

ボックスの縁にカーソル（↔）を合わせて、ブレイクポイントを［モバイル］へ切り替えます。ここでは、375pxの状態でデザインを調整します。

❶ コンテンツ幅のボックスをマージンを調整する

STEP2の手順❶同様に、3つのsectionボックスの下層にあるコンテンツ幅のdivボックスを選択して、マージンを「左右20」に変更します。

1番目のsectionボックス内のdivボックスを選択して、マージンを「左右20」に変更。

2番目のsectionボックス（#works）の下層のdivボックスを選択して、マージンを「左右20」に変更。

3番目のsectionボックスの下層のdivボックスを選択して、マージンを「左右20」に変更します。

❷ メインビジュアルを調整する

h1テキストの「RIMA YOSHIOKA」を2行に収めるため、サイズを「48px」に変更。h2テキストはサイズを「14px」に変更します。

上記が格納されているsectionボックスを選択してパディングを「上40」に変更し、余白が空きすぎないよう幅を小さくします。

❸ メインビジュアルの画像を調整する

縦長になったメインビジュアルのdivボックスを選択してマージン「上40」、縦幅「200px」に変更します。

❹ あしらいを調整する

タイトル近くの三角のあしらいのサイズも調整します。あしらいをレイヤーパネルから選択します。

［アイコン］タブからサイズを「200」、位置は適宜調整してください。

❺ アイコンを調整する

WORKSの円形アイコンのサイズを調整します。WORKS部分の円形のアイコンがメインビジュアルに重なりすぎているので、アイコンを選択して［アイコン］タブでサイズを「100」に変更します。

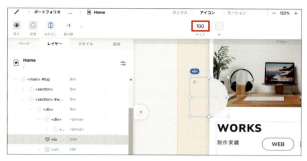

次に［ボックス］タブで位置を「上-42／左-20」にしてWORKSに重なるよう調整します。

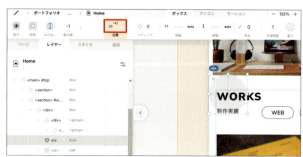

❻ WORKSとボタンを調整する

フィルターボタンが画面からはみ出ないように、親ボックス（WORKS見出しとフィルターボタンが入っているボックス）の方向メニューを下方向（↓）、配置メニューを上下左端揃え（￥）に変更し、ギャップを24入れます。次にWORKSと制作実績が入っているdivボックスの横幅を「100%」にします。

テキストがやや大きいため、ここではテキストサイズを以下に変更します。

WORKS：28px
制作実績：14px
各ボタンのテキスト：14px

❼ WORKSのリストを調整する

WORKSのリストをダブルクリックして、方向メニューを下方向（↓）に変更します。リストのいずれかのaボックスを選択して横幅を「100%」にします。

リスト内の画像のdivボックスの縦幅を「180px」に変更します。リストの画像が横長で表示され、これでスマートフォンで閲覧しやすくなりました。

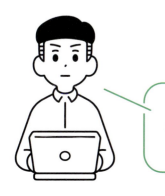

あと少しでレスポンシブ調整が完了します！ デザインごとに調整ポイントは異なりますが、見やすさをしっかり意識すれば、きっとすてきな仕上がりになります。最後までがんばりましょう！

❽ ABOUTとCONTACTを調整する

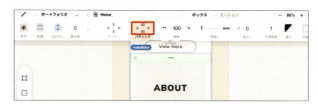

ABOUTとCONTACTが入っているsectionボックスを選択してパディングを「上下40」に変更します。

sectionボックスの下層にある2つのグレーのdivボックスを調整します。まず各divボックスを選択して、パディングを「上下40（左右16のまま）」、ギャップを「16」に変更します。

ABOUTとCONTACTのテキストは見やすいように調整してください。

❾ フッターを調整する

最後に、フッターのレスポンシブのデザインを調整します。

Back to TOPボタン（<a>タグ）の位置を「右0」（下120のまま）、横幅と縦幅を「80px」に変更します。

次に「Back to TOP」のテキストボックス（pボックス）を選択して、テキストサイズを「12px」に変更します。

次に、クレジットなど2つのテキストボックスが入っているdivボックスの方向メニューを下方向（↓）にして、マージンを「左右20」、ギャップを「24」に変更します。コンポーネント化しているため、他のページにも反映されます。

これでHomeページのモバイル版レスポンシブが完成しました。

❿ 他のページも調整する

同様に下層ページもレスポンシブの設定をしましょう。基本的にはトップページと数値や設定を揃えます。ヘッダーは崩れていますが、次のPARTで整えていきます。

» マージン、パディング、ギャップで余白を調整
» テキストの配置とサイズを調整
» 縦幅・横幅を調整
» 方向・配置を調整

⓫ ミニ表示で最終チェックする

ブレイクポイントに「ミニ」(320px)を追加してデザインが崩れてないか確認します。追加方法は下のDESIGN TIPSを参考にしてください。
ミニの画面では、レスポンシブをするというより、モバイルで崩れていないか確認する程度でOKです。崩れていたら微調整をしましょう。

DESIGN TIPS

ブレイクポイントを追加する方法

Studioでミニやスモールのブレイクポイントを追加するのは、特定の画面サイズに最適化するためです。ミニは幅320〜360pxの小型スマートフォン向けに、文字サイズやメニューを調整します。スモールは幅800〜1200px周辺の標準スマートフォンや小型タブレット向けに、レイアウトや余白を調整します。これにより、主要ブレイクポイントでは対応しきれない画面サイズにも対応し、デバイス全体で快適なユーザー体験を提供します。

⋮をクリックして［ブレイクポイントの編集］をクリックします。

スモールとミニが表示され、クリックすると任意の幅を設定して追加できます。

PART 04

メニュー項目がまとまってスッキリ！
ハンバーガーメニュー/モーダル

ハンバーガーメニュー
3本線のアイコンで表されるナビゲーションメニュー。

モーダル
モーダルとは、クリックした際に表示されるポップアップウィンドウのこと。

ハンバーガーメニューをクリックすると表示されるように設定する。

タブレットとモバイルにハンバーガーメニューを表示しよう

　ハンバーガーメニューは、スマートフォン向けのWebサイトやアプリで使われます。クリックするとメニュー項目がアイコンやテキストで一覧表示される仕様です。パソコン表示でナビゲーションに配置していた要素をハンバーガーメニューに収納すればサイトが見やすくなり、ユーザビリティ向上にも繋がります。
　Studioでハンバーガーメニューを作成する際は、まずハンバーガーメニュー用のアイコンを設置し、次にモーダルと呼ばれる機能でポップアップウィンドウをデザインします。最後にリンクを張って完成です。

このレッスンのポイント

▶ タブレット・モバイルでは、通常表示と異なるヘッダーを設定する

▶ タブレット・モバイルでは、メニューやボタンをハンバーガーメニューにまとめてスッキリ見せる

▶ モーダルを使い、タップで表示されるポップアップウィンドウをデザインする

操作手順

STEP 1　ハンバーガーアイコンを設置する

❶ ヘッダーにアイコンを挿入する

トップページを開き、ブレイクポイント[基準]にした状態でまず、ヘッダーの「ABOUT」の左側にアイコンボックスを挿入します。次に<i>をダブルクリックして左パネルから「menu」のアイコンを検索して「≡」を選択します。

❷ [基準]ではアイコンを非表示にする

アイコンを選択している状態で[表示]にカーソルを合わせ、[基準]をクリックしてチェックマークを外します。

[基準]のチェックマークが外れると、ハートのアイコンが非表示になりました。これは[基準]サイズの時に非表示になっているだけで、[タブレット]や[モバイル]サイズにしたときは表示されます。

❸ [タブレット]サイズに変更する

ボックスを選択してない状態で、[レスポンシブ]タブから[タブレット]をクリックして、ブレイクポイントを切り替えます。

操作手順

❹ タブレットとモバイルでは、アイコンを非表示に設定する

タブレットやモバイルでは、ソーシャルアイコンと「ABOUT」「WORKS」「CONTACT」のボタンを非表示にします。
該当のボックスを選択した状態で［表示］をクリックして、［タブレット］［モバイル］のチェックマークを外します。

［タブレット］表示のときに、不要なアイコンがなくなったことを確認します。

続けて［モバイル］表示のときに、不要なアイコンがなくなったことを確認しましょう。アイコンの位置を調整するので、navボックスを選択してパディングを「左右16」に設定しましょう。

STEP2 ポップアップウィンドウを作成する

❶ モーダルを追加する

次に、ハンバーガーメニューをクリックしたときに表示されるポップアップウインドウを作成していきます。

ブレイクポイント［基準］にした状態で左パネルを表示して、ページパネルから［追加］をクリック。

次の画面で［モーダル］を選択します。モーダルとは、ページの上に表示されるポップアップウィンドウのことです。

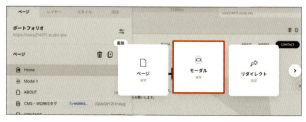

202

❷ モーダルの幅を調整する

モーダルが表示され、ページパネルにも［Modal 1］というページが追加されました。ページ名を「MENU」に、パスを「menu」に変更しましょう。

マージン：上下左右0　　角丸：0
横幅・縦幅：100%　　　塗り：白

❸ ヘッダーを挿入する

今回はハンバーガーメニューを作成するため、ヘッダーの要素を流用します。左パネルの追加パネルからコンポーネントを選択し、［Header］をクリックします。

次に、ヘッダーを右クリックして［コンポーネント解除］を選択しましょう。解除していないと、全ページのヘッダーの見た目が変わってしまいますので、要注意です。

❹ アイコンを変更する

［タブレット］表示に切り替えて、ハンバーガーメニューのアイコンをクリックして、Xのアイコンに変更します（「Close」と検索するとXのアイコンが検索できます）。

❺ リンクを設定する

次に、リンク設定から［モーダルを閉じる］を選択しましょう。

操作手順

STEP 3　モーダルをデザインする

❶ 流用したい要素を並べる

モーダルのデザインは［基準］画面でデザインしていきます。まず、「×」のボタンを［基準］画面でも表示されるようにします。次にヘッダーから［ABOUT］［WORKS］［CONTACT］とソーシャルアイコンをコピーしてdivボックス［ModelBase］に並べます。

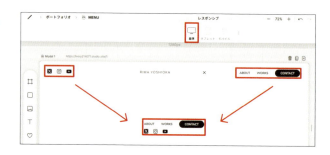

ヘッダーにある［ABOUT］［WORKS］［CONTACT］とソーシャルアイコンは、削除しておきましょう。

❷ 各パーツを調整する

divボックスにコピーした［ABOUT］［WORKS］［CONTACT］のボックスを選択して、縦に並べ替えて、ギャップが「32」、横幅と縦幅が「auto」になっているか確認しましょう。

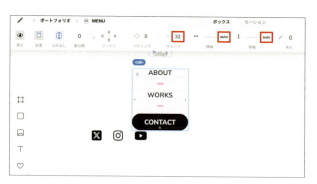

ソーシャルアイコンは、マージンを「上40」、ギャップ「40」に設定。横幅、縦幅ともに「auto」にします。

［ABOUT］［WORKS］［CONTACT］のボックスとソーシャルアイコンのボックスが非表示になっているので、［表示］からタブレットとモバイルにチェックを入れて、表示させましょう。

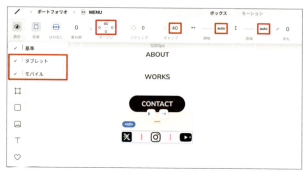

❸ パディングを設定する

名称［Modal base］のdivボックスを選択して、パディングを「上120」に設定。配置を ▼ にして上揃えにします。これで、モーダルページのデザインは完成です。
［基準］画面でデザインした後、［タブレット］以下で崩れないか確認しながら、余白やデザインを調整します。

STEP4 トラジションとリンクを設定する

❶ トラジションを選択する

トラジションとは、クリックしてからモーダルが表示されるまでの動きのことです。レイヤーパネルからMENUページの一番上のdivボックスを選択して［Transition］ボタンから動きを選びましょう。今回は［from-right］を選択しています。

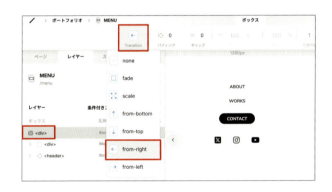

❷ リンクを設定する

モーダルページの作成が完了したので、Homeページに戻ります。画面サイズをタブレットにし、ハンバーガーメニューのアイコンにモーダルページへのリンクを設定します。
ここまでできたらライブプレビューで確認して、完成です！

DESIGN TIPS

モーダルとは、ページの上に表示されるポップアップウィンドウのことです。重要な情報を効果的に伝えられる一方で、表示を閉じるまで他のウィンドウへの移動や操作が制限されるため、使用には注意が必要です。

［使用例］
・重要な通知や警告などのメッセージ
・確認ダイアログ（送信前、削除前）
・詳細情報の表示（商品の詳細説明、画像の拡大表示）
・簡単なフォーム入力（メールアドレスの登録、ログイン情報）

PART 05

公開前に必ず確認・設定しておこう
動作検証して公開

ファビコン
Webブラウザでページを開いた際にタブに表示される小さなアイコンのことです。

タイトル
タブにはサイトのタイトルが表示されます。

サイトのURL
無料版ではURLのドメインは「studio.site」で固定されいています。「studio.site」の前に任意の文字列を設定できます。

公開時のサイトの様子

サイトを公開しよう！「studio.site」のドメインで公開できる

ここまできたらもうすぐサイト公開です。無料版のStudioでは、「studio.site」のドメインを使ってURLを作成できます。ドメインとは、インターネット上の住所のようなもので、ウェブサイトやメールアドレスに使われます。

サイトを公開する前に必ず動作検証をしましょう。またタイトル、説明文、ファビコン、カバー画像、言語などを設定します。ここまでできたら、エディタ画面右上の［公開］ボタンをクリックして公開です。

このレッスンのポイント

▶ 無料版は「studio.site」のドメインで公開できる

▶ 公開する前に必ず動作検証をしよう

▶ 画面右上の［公開］ボタンから設定できる

TIPS 左のページパネルから、ファビコンやカバー画像を設定できる

操作手順

STEP 1 動作検証する

❶ ライブプレビューを表示する

Homeページに戻り、画面右上の［ライブプレビュー］をクリックして、表示されたURLをクリックします。

❷ パソコン環境で動作検証をする

ライブプレビュー用のサイトが表示されるので動作を確認しましょう。
主にチェックすることは以下です。

✓ 各ページのデザインが崩れていないか
✓ リンクの設定ミスがないか
✓ 前のページに戻れるか
✓ 誤字脱字はないか

❸ タブレット・スマホ環境で動作検証する

パソコン環境の動作検証が終わったら、ライブプレビューの二次元バーコードを読み込んで、タブレット・スマートフォンの環境で動作検証をしましょう。

Studio公開前チェックリストもブログで公開しているので、参考にしてみてください。
https://studio-gaz.design/blog/20220420

操作手順

STEP 2 公開設定をして、公開する

❶ タイトルを設定する

ページパネルを開き、パネル右上の ⚙ をクリックします。

タイトルを入力します。今回は「RIMA YOSHIOKAポートフォリオ」と入力します。

「説明文」も設定しておきましょう。検索結果のサイトタイトル下に説明文が表示されます。

❷ ファビコンを設定する

ファビコンとは、ブラウザでWebページを開いた際にタブ部分に表示される画像を指します。

ファビコンの☐をクリックして、用意していた画像を選択します。画像サイズは32px×32pxが推奨サイズです。

❸ カバー画像を設定する

カバー画像とは、SNSなどで共有した際のリンクの下に、タイトルや説明文などと一緒に表示される画像を指します。

1200px×630pxの画像を用意し、設定します。

❹ 言語を設定する

言語を「日本語 - Japanese」に設定します。主に翻訳サービスなどで言語選択時などに利用されます。

❺任意のURLを設定する

編集画面の右上に、タイトルや説明文、カバー画像が表示されました。

最後にサイトの公開設定をしていきます。
画面右上の公開をクリック。

今回は無料プランなので「studio.site」のドメインで公開します。

赤枠のドメインはデフォルトでランダムな文字列が追加されていますが、これらの文字列を任意の文字列に変更できます。

URLのアンダーバーの部分をクリック。
8文字以上の文字列を入力して、[保存]をクリックします。

右上の[公開]ボタンをクリックするとサイトの公開が完了です。
公開後に編集を行なった場合、本番サイトに反映させるためにはその都度[更新]をクリックする必要がありますので気を付けましょう。

Studioの料金プランについて

Studioには無料プランと4つの有料プランがあり、機能はプランによって異なります。サイトの種類や規模に合わせて選びましょう。独自ドメインを利用するならMiniまたはPersonalプランがおすすめです。
独自ドメインでの公開には外部サービスでのドメイン取得が必要で、設定反映に数時間かかる場合があるため、公開前日までに設定を完了してください。

Studio公式サイト：https://studio.design/ja/pricing

COLUMN

Studioで実現する
ウェブアクセシビリティ

　良いサイトとはどのようなデザインを想像しますか？その答えのひとつとして、ウェブアクセシビリティが挙げられます。ウェブアクセシビリティとは、ウェブサイトの利用においてユーザーの障害などの有無や年齢、デバイスなどの利用環境に関わらず、どんな人でもウェブサイトが提供する情報・機能・サービスを利用できること、利用しやすさを意味します。ウェブアクセシビリティを担保することはすべての利用者にとって使いやすくなる（ヒューマンリーダビリティ）だけでなく、検索エンジンのクローラーにとってもウェブサイトの構造が理解しやすくなります（マシンリーダビリティ）。

　これにより、SEOの観点で検索エンジンからの評価が高まることも期待できます。Studioの操作に慣れてきたら次のステップとして、ウェブアクセシビリティを正しく理解するために、Web Content Accessibility Guidelines（https://waic.jp/translations/WCAG22/）を読むことをオススメします。良いサイト制作ができるよう、一歩ずつ知識を深めていきましょう。Studioで設定可能なウェブアクセシビリティを向上させる項目として、以下のようなものが挙げられます。

●レスポンシブ対応
レスポンシブ対応とは、デバイスの画面サイズに合わせてWebサイトのデザインやレイアウトを最適化すること。Studioではデザインやレイアウトが切り替わる画面幅であるブレイクポイントごとに、レイアウトやスタイルを変更することができる（詳細はCHAPTER05のPART04）。

●言語設定
サイト全体または個別のページ設定において使用言語の設定ができる。ただしページ内の個別要素に対して言語設定を行うことはできない（2025年2月時点）。

●aria-label / aria-hidden
aria-label（アリアラベル）とは、要素をスクリーンリーダーで読み上げる際に要素の中身の代わりに読み上げるテキストのこと。aria-hidden（アリアヒドゥン）は、音声読み上げの対象から除外する設定のこと。これらは視覚的に見える情報とスクリーンリーダーで読み上げる情報にズレを生じさせる設定でもあるため、補助的な機能として活用するのがおすすめ。

●HTMLタグ
HTMLには、Webサイトを構成する要素の役割を示すタグがあります。これらを適切に設定すると、スクリーンリーダーなどの支援技術が情報を適切に理解でき、検索エンジンのクローラーがWebサイトの構造を理解しやすくなります。StudioでもHTMLタグを使用することが可能です（詳細はCHAPTER02のPART04）。

●代替テキスト
代替テキスト（Alt設定）は画像の内容（下図の赤い囲み）をWebクローラーやサイトの読み上げ機能に伝える機能。StudioではImgモードの画像にのみ設定可能です。

もっと詳しく知りたいときは、Studio公式サイトアクセシビリティページをご覧ください。
（https://studio.design/ja/accessibility）

CHAPTER 06

クオリティが
ぐっと上がる！
デザインアイデア集

文字、レイアウト、画像加工などWebサイトに
おすすめのデザインアイデアや便利技を紹介します。
すべてStudioでデザインから実装まで可能です。
仕組みを知ることで、難しいデザインも
意外と簡単に操作できます。

PART 01

魅せながら、読ませる！
文字組み・フォント

ビジュアルだけでなく文字にこだわろう

　Webデザインの文字組みは、ユーザーが読みやすく快適にコンテンツを理解できるよう、文字の配置や間隔を工夫することが重要です。文字サイズや書体の選択、行間や文字間の調整により、視覚的なバランスと可読性を最適化します。たとえば、行間が広すぎると読みにくくなり、狭すぎると文字が詰まって見えます。また、適切なフォントサイズと文字色のコントラストも大切で、デバイスや画面サイズに応じた調整が必要です。

縦書きで落ち着いた印象に

縦書きは日本語の伝統的な書字方向であり、日本らしさや和風デザインと相性が良いです。横書きに比べると、視覚的な一体感や落ち着きのある印象を与えることもできます。

STEP　縦書きにする

Studioでは縦組みにしたいテキストボックスを選択して、[文字組み] → [縦書き] を選択するとテキストが縦書きになります。

想いをデザインで可視化する

gazはUX・UIデザインの専門知識を持つ福岡のデザインファームです。2019年の創業以来350社を超える会社の課題解決の支援をしています。

POINT
縦書きは、行間をStudioのデフォルト設定より少し広くすると、読みやすくより落ち着いた印象になります。

縦書きと横書きを
組み合わせてタイトルを強調

縦書きと横書きを組み合わせる際は、役割を分けて配置します。タイトルや強調したい部分は縦書き、詳細や説明文は横書きにすることで、視覚的に整理された印象を与えます。

行間・字間を調整して
印象を変える

行間・字間を広げた場合、文字の読みやすさが向上し、ゆったりと落ち着いた印象を与えます。心地よさや、カジュアルで親しみやすい雰囲気を強調したいときにおすすめです。

POINT
行間は［テキスト］タブの［行高］で調整できます。

https://www.seizetheday.co.jp/

行間や字間を狭めた場合、視覚的な密度が高まり、緊張感や集中力を促します。専門性や効率性を感じさせる効果があり、フォーマルな印象を強調できます。キャッチコピーなどで行間と文字間を狭め、文字の後ろに帯を敷くと、力強さを感じさせるデザインになります。

リッチテキストで言葉を強調する

リッチテキストボックスを活用すると、テキストの一部に下線を引いたり、文字の後ろに図形や帯を敷くことができます。

CASE ❶ 下線

下線を使うと、注目させたい要素を明確に示し、情報の優先順位を伝える効果があります。ただし、多用するとデザインの重さを生むため注意が必要です。

CASE ❷ インライン

インラインとは、HTMLやCSSで指定される要素の表示形式のひとつです。テキストを色やスタイルで装飾し、自然に強調する際に用いられます。

STEP インラインを設定する

左パネルの追加パネルの［ボックス］をクリックして、リッチテキストを挿入する。

テキストを入力して、スタイルを変更したい箇所を選択。ポップアップが表示されるので下線にしたい場合は［U］をクリック。インラインにしたい場合は、［<>］をクリック。

インラインのスタイルが設定された。

［テキスト］タブで、文字色（塗り）を設定。［インライン］タブで、角丸と文字色（塗り）を設定。

合成フォントで、
日本語と英数字の雰囲気を統一する

和文フォントで英数字を打ち込むと見た目が悪くなってしまうことがあります。合成フォントとは、複数のフォントを組み合わせてひとつのフォントとして扱えるようにしたものです。合成フォントを使えば、ひらがななどは和文フォント、英数字は欧文フォントと、それぞれの文字に最適なフォントを割り当てることができます。Studioでもエディタ画面上で合成フォントの設定が可能です。

BEFORE 「Noto Sans JP」のフォントのみ

Well-beingの力を証明する

AFTER 日本語「Noto Sans JP」＋英数字「Montserrat」

Well-beingの力を証明する

STEP サブフォントを追加する

テキストボックスを選択し、[テキスト]タブから使いたいフォントを「フォントを追加」で追加します。
ここでは欧文フォント「Montserrat」を選択しました。追加されたフォント名の右横の ◯ をクリックします。

フォント設定から「サブフォントを追加」をクリックします。合成フォントとして組み合わせたいフォントを選びましょう。ここでは「Noto Sans JP」を選択しました。これで、欧文は「Montserrat」、和文は「Noto Sans JP」になる合成フォントの設定が完了です。

PART 02

情報を効果的に伝えるための役割

レイアウト

情報を読みやすくしよう

　Webデザインのレイアウトは、情報を見やすく整理し、使いやすさを高めるための重要な役割を果たします。適切なレイアウトは、ユーザーが迷わずに必要な情報にたどり着けるだけでなく、デザインの信頼性や印象も向上させます。ここでは、効果的なレイアウトを作るための3つの基本アイデアを紹介します。

グリッドレイアウトに動きを付ける

CHAPTER03でも紹介したグリッドレイアウトは、要素を格子状に整列させるレイアウト手法です。右のデザインのように縦長・横長のものと組み合わせると、動きのあるデザインになります。

POINT
写真を使ったグリッドレイアウトをするには、ボックスで枠組みを作成します。右の図のように、赤枠部分を親ボックス、青と緑を子ボックスとして配置しました。

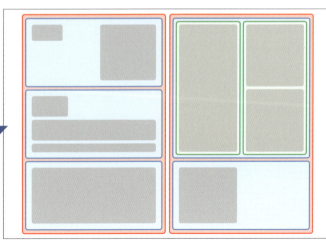

余白に意味を持たせる

https://ai-grp.net/

余白は単なる空白ではなく、デザインの重要な要素です。適切な間隔を設けることで視覚的に整理され、情報が伝わりやすくなります。余白を十分に取ることで、ゆとりや高級感を与えることもできます。

視線の誘導を促すFとZ

Fの法則、Zの法則は、ユーザーの視線の動きのパターンを応用したデザイン手法です。

CASE 01 | Fの法則

ユーザーの視線はページを左から右、上から下へと移動し、F型の形を描きます。このパターンは、テキストが多いページや記事に効果的です。

https://newspicks.expert/

CASE 02 | Zの法則

ユーザーの視線はページを左から右、上から下、再び左から右へと移動し、Z型の形を描きます。このパターンは、シンプルなレイアウトや視覚的に強調したい情報を配置するのに効果的です。

https://solarium.rocks/

PART 03 カラーリング

印象やメッセージ性を大きく左右する

心地よい印象を演出しよう

カラーリングは、見た目の美しさだけでなく、心地よいユーザー体験を生み出す重要な要素です。色のバランスや選び方でメッセージを伝えやすくし、ブランドの印象を高められます。透明度で奥行きや軽やかさを演出し、グラデーションで動きや深みを加えるのも効果的です。また、コーポレートカラーを活用すれば、ブランドらしさを強調し、信頼感を与えられます。視覚的にも印象的なデザインにするカラーリングのアイデアを紹介します。

グラデーションで洗練された印象に

グラデーションは、単色では表現できない深みや動きを加える手法です。色の移り変わりを活用することで、視線を誘導したり、洗練された印象を与えます。
テキストにグラデーションを付ける方法は、P.76のDESIGN TIPSで紹介しています。

透明度で他のコンテンツとなじませる

透明度を調整することで、背景との調和や奥行き感を演出できます。半透明の要素は、デザインを軽やかに見せつつ、情報の優先度を直感的に伝えるのに役立ちます。

POINT

背景の画像を絶対位置で固定して、文字やアイコンなどの要素が含まれる各sectionボックスの背景を透明にしています。

https://lp.secondz.io/

ブランドカラーを使用する

企業のコーポレートカラーやブランドのテーマカラーなどをWebデザインに取り入れると、ブランドの認知度や統一性を高めることができます。
コーポレートカラーは、企業のイメージやメッセージを視覚的に伝え、信頼感や親近感を醸成します。

STEP｜画像から色を抽出する

Studioのスポイトツール（🖍）を選択します。カーソルを合わせた画面が虫眼鏡のように拡大するので、抽出したい色をクリック。
画像から色を抽出できます。

CHAPTER 06 ｜ デザインアイデア集

PART 04

ちょっとしたひと手間で魅力アップ！
素材加工

加工した素材を使ってみよう

　Webサイトでは、画像やアイコンなどの素材を組み合わせてデザインを作り上げるのが一般的です。こうした素材を少し加工するだけで、デザインの魅力がぐっと引き立ちます。背景を調整したり、写真にフィルターをかけたり、アイコンを活用したりすることで、統一感や視覚的な魅力がプラスされます。素材加工は、印象的で効果的なWebデザインを実現するために欠かせない大切な手法です。

https://newspicks.expert/

POINT
Studio以外のツールでグラデーションの背景をつくり、画像としてボックスに挿入しています。

背景を加工画像にすることでリッチなデザインに

背景を単色から加工画像に変えるとデザインに奥行きや動きが生まれ、より印象的な仕上がりになります。たとえばグラデーションを背景に用いると、滑らかな色の移り変わりが柔らかく洗練された雰囲気を演出し、ユーザーに心地よさを届けることができます。

トンマナに合わせて
写真をフィルターで加工

写真にフィルターをかけると、デザイン全体のトーンや雰囲気（トンマナ）を揃え、まとまりのある印象を作り出せます。たとえば、写真のトーンをセピアやモノクロに揃えると、落ち着いた雰囲気やクラシカルな魅力が加わります。

STEP 画像をモノクロにする

Studioでは、画像を選択した状態で［画像］タブをクリックし、モノクロのタブの数値を変更すると写真がモノクロになります。数値を大きくするほど、加工の効果が大きくなります。［画像］タブには明るさ・コントラスト・鮮やか・モノクロ・セピア・ぼかしのフィルターが用意されています。

アイコンを活用して
認知負荷を減らす

アイコンは、情報を直感的に伝え、ユーザーの理解を助けます。また、手元にイラスト素材がない時も、アイコンを活用することでビジュアル的なアクセントとしてデザイン全体の魅力を高める効果もあります。

ブレンドモードによる写真加工

Studioのブレンドモードは、重ねた素材の色や質感を調整し、デザインに深みや個性を加える機能です。「オーバーレイ」で立体感を強調、「スクリーン」で透明感を演出、「乗算」で深みを加えるなど、使い方次第で多彩な表現が可能になります。

STEP　ブレンドモードを設定する

テキストを選択して、[重ね順]の横にある[>]をクリック。

[ブレンドモード]をクリックして、[焼き込み]を選択。下レイヤーの画像の質感に調整されます。

PART 05

動く速さでも印象が変わる

カルーセル

視覚的なインパクトを与えよう

CHAPTER03のPART05（P.112）でも紹介したように、Studioのカルーセルは、複数の画像やコンテンツをスライド形式で表示できる便利な機能です。スライドの速度や遷移効果、操作ボタンのデザインなど、細かい設定が柔軟に行えます。
視覚的なインパクトを与えながら、情報を効率よく伝えられるので、プロモーションや商品紹介にぴったりです。

速さを使い分ける

カルーセルが動く速さは、ゆったり流れるようにスライドすると、ビジュアルが視覚的に楽しめるものになります。逆に動きを早くすると、ユーザーの目を引き付ける効果があり、とにかくたくさん情報を見せたいときにも効果的です。目的に合わせて表示速度の設定も使い分けましょう。

PART 06 外部コンテンツを埋め込みたい！
埋め込み

情報を充実させよう！

Studioでは、外部サービスのコンテンツを簡単に埋め込むことができます。埋め込み機能を使えば、Webページ内に動画やアクセスマップなどを取り入れられ、情報の充実度を向上させることが可能です。

Googleマップ

Googleマップを埋め込むことで、場所をわかりやすく表示できます。地図をページに追加するだけで、視覚的に情報を補強できます。

STEP Googleマップを埋め込む

Googleマップで表示したい場所を検索して、［共有］をクリック。

［地図を埋め込む］をクリックして、［HTMLをコピー］をクリック。

デザインエディタに戻り、左パネルの［追加］タブの［ボックス］からMapボックスを挿入。

挿入したMapボックスを選択して、右パネルを開く。埋め込みコードの欄にデフォルトで入っているHTMLを削除して、先ほどコピーしたHTMLを貼り付けると埋め込みが完了。

Xの投稿を外部サービスで埋め込む

外部サービス「Twitter Publish」を使えば、X内の好きなコンテンツのURLを入力するだけで、埋め込み用のコードを生成できます。コードをコピーしたら、デザインエディタに戻りましょう。Blankボックスを挿入して右パネルを開き、埋め込みコードに貼り付ければ設定は完了です。

Spotify

Spotifyの埋め込み機能を使えば、プレイリストや曲を直接ページに表示可能。音楽を加えることで、印象的な体験を提供することができます。

https://recruit.gaz.design/blog

> **STEP** Spotifyのコンテンツを埋め込む
>
>
>
> Spotifyのシェアから「番組の埋め込み」をクリックし、埋め込みコードを発行してコピーしておきます。
>
> Studioで、Blankボックスを挿入して、右パネルにSpotifyの埋め込みコードを貼り付けすれば完成です。

https://teamsticker.jp/

YouTube

YouTubeの動画を埋め込むと、視覚と音声で情報をダイナミックに届けられます。商品紹介やチュートリアルに最適です。
また、動画サイト「Vimeo」のコンテンツも埋め込めます。

> **STEP** YouTubeの動画を埋め込む
>
> YouTubeボックスを挿入して、右パネルに動画URLを入力すると動画を埋め込めます。
>
>

PART 07 「ここクリックできますよ」と直感的に伝えられる
ホバーアニメーション

ユーザーの興味を引きつけよう

　ホバーアニメーションは、ユーザーがマウスカーソルを要素に重ねたときに動きを加えるデザインの工夫です。Webサイトに動きのある印象が生まれ、自然とユーザーの興味を引きやすくなります。本書で作成したポートフォリオでは、ボタンにホバーアニメーションを加え、マウスホバーで色が変わるようにしてクリックしやすくする工夫を行いました。ここでは、ボタン以外の要素にも応用できるホバーアニメーションのアイデアをご紹介します。

CHAPTER02で設定した ホバーアニメーション

CONTACTにカーソルを合わせると、ボタンの色が黒から白に変化する。カーソルを離すと、また黒に戻る。
設定方法はCHAPTER02のPART08（P.70）で解説しています。

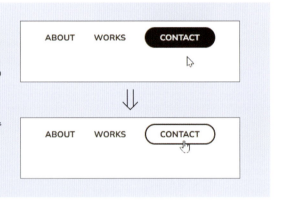

ホバーはテキストに 付けてもOK！

紙面では伝わりにくいのですが、こちらのWebサイトでは「もっと見る→」にカーソルを合わせると、文字がくるっと回転します。ホバー効果はボタンの枠や色に使われることが多いですが、テキストに取り入れるのも一案です。

https://www.unzen.org/

カーソルに連動して
画像が出現！

テキストやアイコンにカーソルを合わせると関連する写真や画像がふわりと表示されるホバーアニメーションは、視覚的に情報を補完してくれる手法です。商品紹介やポートフォリオなど、テキストに対応したビジュアルを見せたい場面で役立ちます。

https://www.seizetheday.co.jp/

POINT

四角形ではない形状の画像を活用することで、視覚的に新鮮で幻想的な雰囲気を演出できます。特に円形や不規則な形状は、柔らかく印象的なデザインを生み出します！

CHAPTER 06 | デザインアイデア集

ホバーアニメーションを意識していろいろWebサイトを見てみると、新しいアイデアがたくさん広がりますよ！

227

PART 08

印象を変える、動きのテクニック
出現時アニメーション

コンテンツの登場にインパクトをつけよう

出現時アニメーションは、要素が画面に現れる瞬間に動きを加える手法です。この手法ではコンテンツの登場に変化を加えることで、視覚的な印象を豊かにし、自然と目を引きつける効果があります。

操作はホバーアニメーションとほぼ同じですが、ここでは出現時に三角のあしらいが動くアニメーションの設定方法を解説します。また、右ページでは応用アイデアも紹介しています。

 →

TOPページを開いた瞬間に三角のあしらいが動くホバーアニメーションを設定してみよう！

STEP　あしらいが動くアニメーション

三角のあしらいを選択して、[条件付きスタイル]から[出現時]をクリック。出現時アニメーションを設定できるモードになります。

ここでは[モーション]タブから回転を「180」、時間を「1600」に設定。ライブプレビューで、出現時アニメーションの動きを確認して、問題なければ設定完了です。

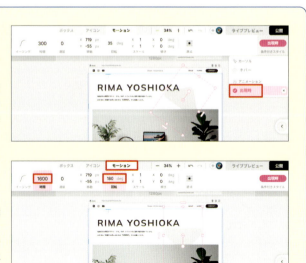

228

https://hongo.ai/HONGOAI2024

ライン

目線の誘導をしたいときや、強調箇所、もしくはセクションやコンテンツの区切りとしてアニメーションをつけると効果的です。線の太さを変えることで印象を変えることもできます。

> **STEP** ラインが徐々に伸びるようなアニメーション
>
> ボックスを挿入し、縦幅または横幅を1pxに設定することで擬似ラインを作成します。このボックスに出現時アニメーションを適用し、線の長さを設定することで、ボックス(ライン)の伸び縮みを利用したアニメーションを作成することができます。

https://movelot.co.jp/

ローディング

ブランドしての表現をより強調する場合(例のようにロゴやタグラインなどを表示)のほか、ステータス(進行状態や読み込み中など)を表したい場合などに有効です。また次ページ(コンテンツ)に遷移するまでの期待感をもたせる効果などもあります。

> **STEP** ローディングアニメーション
>
> ローディングアニメーション用のボックスを挿入し、横幅を100%、縦幅を100vhに変更して「固定位置」に設定します。このとき、重ね順をmainボックスより上位に設定します。
>
> ボックス内には、ローディングに使用する任意の要素(ロゴなど)を挿入できます。ボックス内の要素の編集が終わったら、次にローディングアニメーション用ボックスの縦幅を通常時に0vhに設定し、はみ出し部分を「非表示」にします。
> 最後に、このボックスに出現時アニメーションを設定し、出現時にモーションタブで100vhに設定します(時間や遅延の値は任意で調整可能)。これで、読み込み時にローディング用ボックスが表示され、一定時間後に見えなくなるアニメーションを作成することができます。

PART 09

画面全体を動かさず、効果的なアプローチを
モーダル

ポップアップウィンドウで魅せよう

モーダルは、Webページでユーザーの目を引き、特定のコンテンツや操作に集中してもらうためのポップアップウィンドウです。

CHAPTER05のPART04（P.200）では、レスポンシブデザインに合わせてハンバーガーメニューを作成しましたが、他にもさまざまな活用アイデアがあります。

ここでは、利用頻度の高い「メニュー」についてご紹介します。

必要な情報を
ピンポイントで
届けるメニュー

Webサイトに載せきれない細かい情報などは、モーダルで見せると、Webサイトの情報をすっきりまとめることができます。

PART 10

エラーをただの行き止まりではなく、デザインする
404ページ

404ページにこだわる

404ページは、ユーザーが目的のページにたどり着けなかったときに、別の場所へスムーズに案内するための大切な役割を果たしています。デザインに工夫を凝らすことで、ユーザーの体験をグッといいものにすることができます。

POINT

必要に応じて、別ページへの遷移先を設置しておきましょう。

STEP | 404ページを作成する

左パネルのページパネルを開き、ページを新規追加して、ページタイプを「404ページ」と選択。パスも「/404」と変更されます。なお、404ページが作成されていない場合、存在しないパスや非公開ページにアクセスした際に、トップページが表示されます。

CHAPTER 06 デザインアイデア集

PART 11

必要なときだけ情報を展開できる！
トグル

表示・非表示を切り替えよう

トグルとは、クリックやタップで「表示・非表示」を切り替える仕組みです。たとえば、FAQで質問をクリックすると答えが展開され表示される「アコーディオン」や、「ドロップダウンメニュー」によく使われます。特にモバイルでは画面スペースが限られているため、トグルを使うことでコンテンツを省スペースで整理できるのが大きなメリットです。

FAQをコンパクトにまとめる

トグルを使うことで、複数の質問と回答をコンパクトにまとめられます。通常時は質問のみを一覧として表示し、ユーザーが知りたい項目をクリックすると回答が展開される形式にすることで、使いやすいコンテンツになります。

https://kiribi.co.jp/service-for-client

STEP トグルを実装する

追加パネルからToggleボックスを挿入。右パネルの「トグル」でトグルの開き方などの設定ができます。

PART 12

限られたスペース内に多くの情報を表示したい
ボックス内スクロール

スマホ画面でも表を見せよう

　ボックス内スクロールとは、ボックス内でテキストなどの情報がスクロールできる設定です。パソコンとスマホでは画面の横幅が異なるので、料金表などをパソコンの横幅に合わせて作ると、スマホでは画面内に全て収まらないケースがあります。そんな時は、スマホで見切れる部分は画面をスクロールすると見れる「ボックス内スクロール」を設定するのがおすすめです。

https://www.agile-studio.jp/service/agile-training

スマホでも横長の表が閲覧できる

ボックス内スクロールを使うことで、横長のコンテンツをスマホで表示させることができます。あえて情報を見切れた状態で表示させておき、スクロールしてさらに情報が確認できることをユーザーに伝えられます。

CHAPTER 06 デザインアイデア集

STEP ボックス内スクロールの設定

ボックス内部で縦または横方向にスクロールしたいコンテンツを用意します（画像やテキストボックスなどなんでもOK）。
一時的に、スクロールしたい方向にコンテンツを並び替えます（横方向の場合、右方向の並びに）。
スクロールさせたいdivボックスに対し、ボックスの中のコンテンツがはみ出るように、横幅（もしくは縦幅）をpx指定します。さらに、スタイルバーから「はみ出し」を「スクロール」に変更します。コンテンツの並びを元の設定に戻すと完成です。デザインエディタ上ではスクロールバーが表示されますが、プレビューや公開サイトでは表示がなくなるため、ユーザビリティ担保のため、スクロール可能な旨を注意書きしておくと親切でしょう。

233

COLUMN

Studio Storeで買える
オリジナルのテンプレート

　Studioにはオリジナルのテンプレートが豊富に揃っています。価格は0円から提供されており、手頃な価格で購入できるデザインも多数あります。また、ビューティー、フード＆ドリンク、トラベルといったカテゴリや、コーポレートサイトや採用サイトなど用途別に検索できるため、自分が作りたいサイトのテーマに合ったテンプレートを簡単に見つけることができます。

　選んだテンプレートの画像やテキストを差し替えるだけでも十分ですし、この本で学んだ知識を応用してフォントや配色を変更し、リデザインに挑戦してみるのもよいでしょう。

　まだStudioの操作に慣れていない人は、テンプレートのデザインをトレースすることで、デザインスキルを向上させることもできます。ただし、模写したWebサイトをSNSなどで発表したり、仕事で使うのは絶対にNGです。あくまでも模写はトレーニング（練習）のために使いましょう。

Studio Store

Studio Store（ https://studio.design/ja/store ）にはプロが制作し審査を通過したデザインのみが販売されている。テンプレートを選んでテキストや素材を差し替えるだけでもOK。

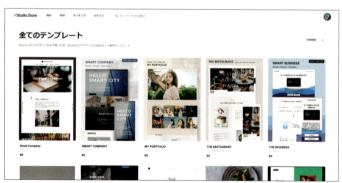

カテゴリ・用途から探す

自分が作りたいサイトのテーマから選べばコンテンツをイチから考えなくても大丈夫。テンプレートに入っている情報を編集してサイトを完成させよう。

書籍購入者特典

書籍を購入された方限定で、特典データをご用意しました。
ぜひ、制作にお役立てください。

ムードボード

CHAPTER01のPART08「イメージ固め」で紹介した「ムードボード」を提供いたします。書籍の内容を参照しながら、デザインのイメージ固めでぜひ活用してみてください。

※ムードボードで使用する画像の著作権や商用利用の可否はご自身でご確認ください。

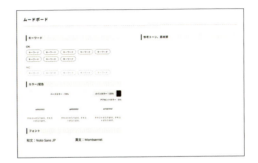

ワイヤーフレーム

Webサイトのレイアウトを決めるのに便利な「ワイヤーフレーム（Figmaファイル）」を読者特典として提供いたします。CHAPTER01のPART09「ワイヤーフレーム」を参照しながら、自作のWebサイトのワイヤーフレームを作る際に、テンプレートとしてご活用ください。

ダウンロードURL

https://book.impress.co.jp/books/1122101169

※ダウンロードにはClub Impressへの会員登録（無料）が必要です。

INDEX

アルファベット

404ページ ································ 231

CMS ··································· 146

   アイテム ························ 150, 170

   記事の作成 ························· 157

   ダッシュボード ····················· 148

   プロパティ ······················ 150, 152

   モデル ························· 148, 151

   エディタに紐づける ················ 160

CTA ··································· 90

FAQ ··································· 232

Googleマップ ··························· 224

HTMLタグ ····························· 50

Instagram ····························· 86

Spotify ································ 225

Studio ································· 12

   料金プラン ························ 209

   ログイン ·························· 15

URLの設定 ···························· 209

X ································ 86, 224

YouTube ·························· 86, 225

あ アイコン ··········· 28, 79, 86, 120, 221

アニメーション ····················· 68, 226

   位置 ····························· 47

ウェブアクセシビリティ ·················· 210

音声 ································ 225

か 下線 ····························· 120, 214

画像 ····························· 77, 110

   フィルター加工 ····················· 221

   ブレンドモード ····················· 222

下層ページ ······················ 44, 100, 104

カルーセル ··················· 100, 112, 223

ギャップ ························· 67, 188

共同編集 ···························· 178

グリッド ··············· 25, 100, 118, 216

グラデーション ····················· 76, 137

グローバルナビゲーション ··················· 62

公開 ································ 180

コメント機能 ·························· 178

コンポーネント ····················· 102, 104

さ 出現時アニメーション ··················· 228

条件付きスタイル ······················ 70

スタイルバー ·························· 56

スマートフォン ····················· 24, 186

ソーシャルアイコン ··················· 86, 185

送信設定 ···························· 136

た タグ ····························· 50, 64

ダッシュボード ····················· 16, 148

タブレット ························ 186, 191

地図 ································ 224

テキスト ····················· 74, 212, 214

デザインエディタ ······················ 54

	テンプレート	234
	動画	225
	トグル	232
	トップページ	44
	ドメイン	206
は	配色	34, 58
	配置	47
	固定位置	47, 71
	絶対位置	47, 78
	パス	105
	パディング	56, 69, 188
	ハンバーガーメニュー	200
	ファビコン	206, 208
	フィルタリング	165
	フォーム	130
	フォント	30, 58, 212
	フッター	20, 94, 102
	プライバシーポリシー	95, 140
	プロジェクト	52
	ヘッダー	20, 62, 102
	ハンバーガーメニュー	200
	ボタン	68, 96
	ボックス	46, 48
	HTMLタグ	50, 64
	位置	47
	重ね順	78

	下線	120
	角丸	69
	ギャップ	67
	グループ化	49, 82
	コピー	67, 188
	スクロール	233
	配置	47
	パディング	56, 69, 188
	表示・非表示	201
	方向	47
	マージン	56, 74, 188
	ポップアップウィンドウ	200, 230
	ホバーアニメーション	68, 226
ま	マージン	56, 74, 188
	ムードボード	42, 235
	モーダル	200, 230
	モバイル	24, 194
ら	ライブプレビュー	70, 207
	リスト	80, 100, 160
	リッチテキスト	140, 214
	リンクの設定	182, 184
	レイアウト	22, 216
	レイヤー	48
	レスポンシブ	26, 186
	ブレイクポイント	186, 199
わ	ワイヤーフレーム	40, 42, 235

掲載協力

PdM Days 2024
https://pdmdays.recruit-productdesign.jp/2024

secondz
https://lp.secondz.io/

大川WALK
https://okawawalk.com/

Smart相談室
https://smart-sou.co.jp/

雲仙観光情報サイト -Find UNZEN-
https://www.unzen.org/

Fukuoka Growth Next
https://growth-next.com/

株式会社コミュニティオ
https://communitio.jp/

Seize The Day
https://www.seizetheday.co.jp/

医療法人あい
https://ai-grp.net/

NewsPicks Expert
https://newspicks.expert/

株式会社ソラリウム
https://solarium.rocks/

チームステッカー
https://teamsticker.jp/

HONGO AI
https://hongo.ai/HONGOAI2024

MOVeLOT Inc.
https://movelot.co.jp/

株式会社キリビ
https://kiribi.co.jp/

Agile Studio
https://www.agile-studio.jp/

参考文献

『なるほどデザイン〈目で見て楽しむ新しいデザインの本。〉』
（著：筒井 美希　刊：エムディエヌコーポレーション）

『Webデザイン良質見本帳［第2版］
目的別に探せて、すぐに使えるアイデア集』
（著：久保田 涼子　刊：SBクリエイティブ）

Studio公式ガイド
https：//help.studio.design/ja/

株式会社gaz（ギャズ）

世界初、唯一*のStudio Experts Platinum
の株式会社gaz（ギャズ）は「想いをデザイ
ンで可視化する」をパーパスにWebサイト
制作・UIデザイン・ブランディング事業を
展開する福岡のデザインファーム。2019年
の創業から現在までメガベンチャー、大手企
業、スタートアップ、地方自治体など計400
を超えるお客様の課題解決をデザインで支援。
gazがUI/UXデザインを担当した「福岡市
LINE公式アカウント」が2020年度グッドデ
ザイン賞を受賞。2021年より代表 吉岡が福
岡市DXデザイナーに受嘱。*2025年2月時点

HP　　https：//gaz.design/
X（旧Twitter）　@gaz_Inc

[制作スタッフ陣]
Written by
　　　甲斐るか
　　　川城俊樹
　　　三井聡一郎
　　　村上喜恵
　　　古山蓮
　　　福井春菜
　　　長谷川映見
　　　三ヶ尻有輝
　　　古閑健太郎
　　　野中紗也
　　　齋藤凜音

Website Designed and Developed by
　　　村上喜恵
　　　長崎健斗

Supported by
　　　海江田亮
　　　杉田芙美子
　　　松本泰雅
　　　佐野木雄大
　　　吉村優一
　　　向吉はるか
　　　吉岡泰之

▶ 商品に関する問い合わせ先

このたびは弊社商品をご購入いただきありがとうございます。
本書の内容などに関するお問い合わせは、下記の URL または二次元バーコードにある問い合わせフォームからお送りください。

https://book.impress.co.jp/info/

上記フォームがご利用いただけない場合のメールでの問い合わせ先

info@impress.co.jp

※お問い合わせの際は、書名、ISBN、お名前、お電話番号、メールアドレス に加えて、「該当するページ」と「具体的なご質問内容」「お使いの動作環境」を必ずご明記ください。なお、本書の範囲を超えるご質問にはお答えできないのでご了承ください。

- 電話や FAX でのご質問には対応しておりません。また、封書でのお問い合わせは回答までに日数をいただく場合があります。あらかじめご了承ください。
- インプレスブックスの本書情報ページ (https://book.impress.co.jp/books/1122101169) では、本書のサポート情報や正誤表・訂正情報などを提供しておりますのでそちらもご覧ください。
- 本書の奥付に記載されている初版発行日から 3 年が経過した場合、もしくは本書で紹介している製品やサービスについて提供会社によるサポートが終了した場合は、ご質問にお答えしかねる場合があります。
- 本書の記載は 2025 年 2 月時点での情報を元にしています。そのためお客様がご利用される際には情報が変更されている場合があります。あらかじめご了承ください。

■ 落丁・乱丁本などの問い合わせ先
FAX 03-6837-5023
service @ impress.co.jp

- 古書店で購入されたものについてはお取り替えできません。

▶ STAFF

デザイン　　細山田光宣　千本聡（細山田デザイン事務所）
イラスト　　山内庸介
DTP　　　　田中麻衣子
校正　　　　鴨英幸（confident）
編集協力　　井上薫
編集　　　　宇枝瑞穂
編集長　　　和田奈保子

本書のご感想をぜひお寄せください

https://book.impress.co.jp/books/1122101169

＼ アクセスはコチラから ／

「アンケートに答える」をクリックしてアンケートにぜひご協力ください。はじめての方は「CLUBImpress（クラブインプレス）」にご登録いただく必要があります（無料）。アンケート回答者の中から、抽選で図書カード（1,000 円分）などを毎月プレゼント。当選は賞品の発送をもって代えさせていただきます。
※プレゼントの賞品は変更になる場合があります。

知識ゼロからノーコードではじめる
Studio
Web サイト制作入門

2025 年 3 月 21 日　初版第 1 刷発行

著　者：gaz
発行人：高橋隆志
編集人：藤井貴志
発行所：株式会社インプレス
　　　　〒101-0051
　　　　東京都千代田区神田神保町一丁目 105 番地
　　　　ホームページ　https://book.impress.co.jp/

本書は著作権法上の保護を受けています。本書の一部あるいは全部について（ソフトウェア及びプログラムを含む）、株式会社インプレスから文書による許諾を得ずに、いかなる方法においても無断で複写、複製することは禁じられています。

Copyright©2025 gaz Inc. All rights reserved.
本書に登場する会社名、製品名は、各社の登録商標または商標です。本文では ® マークや ™ は明記しておりません。

印刷所　シナノ書籍印刷株式会社
ISBN978-4-295-02142-1　C3055

Printed in Japan